……SH懂你也讓你讀得懂……

……SH懂你也讓你讀得懂……

不管買到什麼房子都有救
格局救援王

目錄
contents

拯救【不良客廳】格局的20種解決法

只要把自然光納進客廳，坐在沙發就會不自覺地微笑好久。

拯救【不良餐廚】格局的30種解決法

廚房的收納足夠，雜物不蔓延到餐桌，餐廳和客廳就清爽了！

拯救【不良主臥房】格局的15種解決法
主臥房，總是貪心的想要越大越好啊！

拯救【狹小夾層】格局的10種解決法
把夾層變高、變大！就像看一場精彩的空間魔術秀。

拯救【狹長型住宅】格局的9種解決法
真沒想到狹長老屋也能重獲明亮春天，像做夢一樣！

拯救【超悶單身】格局的11種解決法
一個人住也要寵愛自己多一些！

第三部分： 設計達人出馬，格局救援一學就會

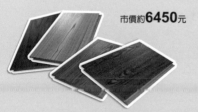

台灣住宅史上最常見的
難用格局一次拯救

看了好幾間房子，就是看不到滿意的格局？
預算太少，只能買到格局不合理的房子，卻又擔心後悔？
明明買的是方正的三房兩廳，為什麼住起來卻不舒服？
大門開在中段沒玄關、一進門就見廚房、
房間走道很浪費、衣櫥放不下等各種生活亂象。
看盡30年的台灣的住宅空間、至少3500間以上的房屋，
我們發現全部的建築其實總結來說只有5種格局！

預算不多也不怕買便宜的房子，就算買錯屋也沒關係，

因為…**沒有一種格局不能救。**

本書使用方法：

第一部份

買屋前必讀→
房仲都搞不懂
的秘訣報你知

錯誤觀念 > 高樓層一定比低樓層好？
錯誤觀念 > 三房兩廳雙衛很好用？
錯誤觀念 > 只要做滿收納櫥櫃，家裡就會整齊？
只有蓋房子的人才懂得真正的好房子是哪一間！
本書以建築達人口袋中的秘訣，教你西曬面絕對好過
東北面，潮濕也可能是風向造成的，以及在低預算內
買到最好的房子的秘密。

磨利你的眼力
→看穿5種格
局公式隱藏的
秘密

錯誤觀念 > 通往房間當然要經過走道？
錯誤觀念 > 有窗戶就是有採光？
錯誤觀念 > 一進門就看到客廳落地窗很正常？
買屋時看了上百間房子，其實總共只有5種住家格局！
本書由20年經驗的室內設計師教你一套觀察法，不
只能事先看透裝修免花大錢的好格局，也讓你自己就
可以想出最省錢的解救格局辦法，擁有好採光、好收
納、不浪費的夢想之家。

第二部分

對症下藥你家的格局問題→
110個不良格局現形記＋110種你已經面臨的生活亂象

錯誤觀念＞動線就是走道、坪效就是擠得滿滿滿？

錯誤觀念＞廚房有冰箱的位置和流理檯就很好？

想要玄關、餐廳很窄、廚房對著大門…詳細的110種狀況，都有易懂的解救密技，避免電鍋只能擺地上、冰箱只能擠在走道的悲慘情況。

本書110位設計師以詳細的前後對照平面圖，教你最多樣、最簡單的格局解決方法。

拯救進門無玄關的15種解法

拯救客廳無採光的20種解法

拯救老舊廚房小的30種解法

拯救主臥亂糟糟的15種解法

拯救迷你夾層擠的10種解法

拯救傳統狹長屋的9種解法

拯救超悶單身宅的11種解法

第三部分

百間老屋經驗的改造高手提醒→
最關鍵格局裝修問題

錯誤觀念＞麻雀雖小五臟俱全，什麼空間都有很划算！

你的陽台寬度是否低於75公分？這種陽台根本是「罰站用」。

廚房寬度只有廚具加上1個人的寬度？

所有廚房家電都只能放地上，根本是「0效率」。

本書的老屋高手剖析，各種看來都有、卻無法使用的空間問題、困擾你家多年的生活煩惱，往往只需要移動一道牆，就可以完全解決！

跟著做，一定買到對的房子
仲介不肯對你說的真心話

建案百百款，代銷、仲介總說自己手上正在推的案子最好，但真的是這樣嗎？搞不懂方位跟居住生活的關係、看不清樓層和房價的祕密、抓不到格局與坪效的關聯，別輕易說你想要買房子。跟著會蓋房子的建築師蔡達寬，一起在預算內挑到最理想的好房子吧！

採訪│陳佩宜　插畫│陳彥伶　資料提供│蔡達寬建築師事務所

Choose 01 建築座向

Q：一座社區裡有好多棟，我該怎麼挑？
蔡達寬建築師說：座北朝南的住宅最舒適，其次是西南方。

「一座社區裡有好多棟，我該怎麼挑？」這大概是許多屋主的心聲，雖然對這個社區的周邊生活機能或者是景觀訴求感到滿意，但其中釋出出售的房子有好幾間，該買哪一間才對？最便宜不見的最好吧？遇到這個狀況的時候，蔡達寬建築師建議，先以建築的物理與氣候條件來評估！

以整個台灣島的地域性風向來看，冬天因為夾帶台灣海峽海面濕氣而來的北風、東北風，通常是又濕又冷，所以像是北海岸、宜蘭、花東一帶座南朝北的房子，冬天住在裡面可相當不是滋味，最後可能變成空屋養蚊子、一年只住夏天四個月。相對於容易濕冷的北面，面南風、西南風則能享受溫暖、乾燥的夏季季風吹撫。再看日照的影響，台灣西半島的房子雖然容易有西曬問題，特別像是淡水一帶面淡水河的景觀住宅，絕對會有西曬問題，但蔡達寬建築師認為，比起因座向造成居住生活濕冷，他寧願選擇西曬，只要對上合宜的格局設計，太陽就是驅除壁癌孳生的最佳工具。

瞭解了風向與太陽行徑路線，就可以知道東西南北不同座向的房子，各自生活其中真的差很大，在不考慮外在環境、景觀狀況下，選座南朝北的房子住，絕對生活起來最舒服。

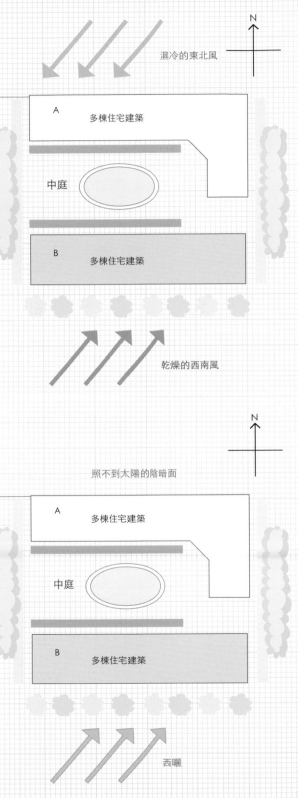

先看風怎麼吹

　　A區的建築皆屬座南朝北的房子，勢必在冬季承受濕冷的北風與東北風的影響，如果室內空間又沒做好除濕的話，朝北面的牆壁區域很容易處於潮濕的空氣中，生活其中會經常感到濕冷。要是又鄰山區的話，那就更拿壁癌沒折了！

結論：B優於A，即便低樓層也不錯。

先找太陽往哪走

　　B區面南的建築群，所承受的是屬於乾燥的西南風或南風，且一年四季太陽都照得到，雖然不免會有西曬問題，但相較於A區建築區面北的區域皆是無日照的陰暗面狀況，住在B區的舒適度絕對比A區要來得好很多！

結論：B優於A，陽光最少的是A棟面中庭的樓層。

Choose 02　樓層挑選

Q：明明都是座北朝南，為什麼不同層價格差很大？

蔡達寬建築師說：10樓以下的房價比較省

　　九二一大地震後所興建的建案，因為受到建築法規的改革，在民國88年後所興建的住宅，其建築結構系統所牽動的居住安全性、耐震舒適度，都比民國88年前要來得好，當然房價上也較高，故屋齡超過15年以上的中古屋，其耐震度都較為堪慮。即便在符合耐震法規的前提下，鋼構系統與RC建築所產生的建築成本大不相同。

　　其次，就算是在同樣的鋼構建築下，低樓層的結構成本又跟高樓層不同了！10樓以上的房子，受限於建築法規與消防法規的規定，對排煙與升降設施等有特定之要求，也連帶增加了樓面公共設施的面積佔比，所以10樓以下的結構成本、消防成本低於10樓以上，房價自然較低！

　　再來，住宅建築的戶數問題對日後生活品質也有很大的影響。蔡建築師指出，很多的合宜住宅設計潛藏著很多問題在裡面，譬如坪數不大的狀況下，室內隔了三間房，但其中一間房間卻是「暗房」就非常困擾；又或者某個房間牆面的背後就是電梯，那麼電梯上上下下的運轉行經過程，一定會對日後生活造成不便，這都與社區拼數設計、樓面規劃有關。

10樓以上v.s 10樓以下，價格大不同

　　同一棟建築為什麼10樓以下和10樓以上的房價會有差異？原來，10樓以上住宅的耐震與消防要求更為嚴格，增加的成本自然反應到房價上，但高樓層的房子可是具有景觀優勢喔！

結論：9樓剛剛好。

10F

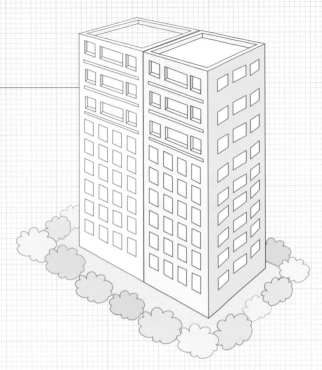

雙拼住宅，四周採光佳

　　雙拼住宅建築最有機會做出標準L型的無走道、高坪效格局，這類型的房子至少能擁有兩面半至三面採光，營造出舒適的生活空間條件。

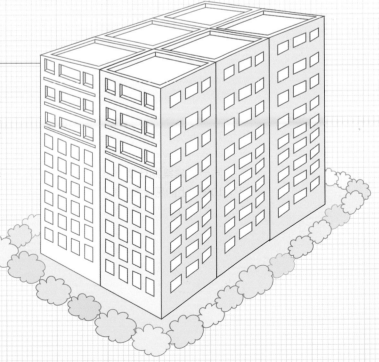

拼數越多，採光越差

　　雙拼的住宅品質與六拼的住宅品質，絕對是不一樣的。最直接的影響是，當拼數越多，就會有越多住宅單位的採光面減少，甚至可能有些房子只有單面採光。

結論：雙拼優於多拼。

Choose 03 **格局設計**

Q： 同一樓面，如何在預算內挑到最理想的房子？
蔡達寬建築師說：零走道格局就是高坪效！

當我們將「室內設計」放到建築師的住宅格局規畫裡，除非你是完全依照自身需求自地自建的獨棟樓房，近年的建案室內格局規劃不外乎分成兩種設計：
一、室內隔間規劃是需要進到小走道再分別進入房間的佈局方式。
二、另一種設計是環型格局設計，從住家大門進入屋內後，先來到客餐廳或廚房，再發散式的進到各個房間，形成不浪費坪效的零走道佈局。

蔡達寬建築師解釋，會逐漸延伸出這兩種主要隔間配置方式，不外乎與整體基地面有關。不管是雙拼、四拼或六拼，甚至八拼的住宅，建築師為了做出最節省動線大樓的設計，通常會將電梯（又稱服務核）安排在整個樓面的中心，但也因此形成對該樓面的每個住宅單位產生較深的公共設施，勢必部分住宅單元內會有「暗房」的產生，甚至非常糟糕的僅能靠後陽台的光線進來。雖然有利於單價上的折扣談判，但真要達到未來生活的舒適性，還是要靠室內設計調整格局，將主臥、客廳等重要機能空間留給座北朝南的較好的面向，廁所、廚房等次要空間則移到其他面向。

因此，同一樓面裡的多個住宅單位，即使室內面積都是60坪，因為電梯位置、建築座向而發展不同的室內格局配置，這都會對日後的生活品質產生很大的差異性。蔡達寬建築師叮嚀，選擇比較有效率的動線方式，就是挑到高坪效的前提！

走道格局

　　一旦室內格局產生走道，對空間坪效而言，就是一種無形的浪費，因為走道處的空間幾乎很難做出有效的空間運用，如果又到基地面積屬於狹長形的話，走道等於是居家空間中最被閒置的區域。

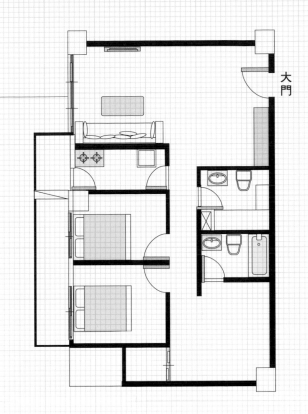

環型格局

　　從住家大門進入屋內後，先是客餐廳或廚房等開放空間，再發散式將私人空間佈局環於空間四周，形成不浪費坪效的零走道設計。如果房子又是座北朝南、室內無暗房，那麼就是一間好房子！

大門

五種常見典型格局破解大公開

買到什麼房子都不會後悔，掌握為格局塑身的原則，太肥切掉、太瘦補起來就好。

買老房子，就像是在看「Old Fashion」一樣，很舊的設計樣式，有些人就是能穿出自我風格。那麼買現下的預售屋、新成屋就一定最好用、不用改造嗎？那可不一定，因為適合別人家的，不一定適合你啊！最重要的是，不管是哪個時代產物下的住宅格局，都能找出破解方案！

採訪｜陳佩宜　資料提供｜將作空間設計、德力室內裝修有限公司

如果你曾經買過房子，就會了解那過程是多麼掙扎，每個物件總是有那麼一點點不完美的地方，令你遲疑無法下手。「今天選到什麼房子都沒關係，因為你是依照經濟能力的允許而買下這樣格局、這樣坪數的房子，所以買到不完美的物件很正常；但只要有採光，設計師就能想盡辦法給你一個客製化的好用空間，營造出屋主想要享受的生活氛圍。」德力設計設計師許宏彰如是說，每一個改造的決定來自屋主的需求與預算考量。

將作設計張成一設計師也認為，住在房子裡的人才是最重要的！以前會覺得客廳是一間房子裡最重要的地方，但如果房子採光這麼條件差，應該首重臥室的通風與採光，客廳可以用人工光線來解決。有時候，利用斜切手法拉大採光面的動作，就像是幫格局做塑身的動作，太肥切掉、太瘦補起來！跳脫老舊住宅使用方式，例如移出衛浴間的洗手檯，可以設計的像是一般家具的一部分，只是它的功能不是坐、不是置物而是洗手。有時只要做一點小更動，房子就會很好用喔！

表面上：**三房兩廳而且格局方正很好啊！**

實際上：**廚房小、走道長，房間放了床就放不進衣櫥。**

Before平面圖

買下30坪的房子，但室內僅有22.4坪，加上房間形成的走道，導致當初建設公司所規劃的三房過小，根本無法居住。

[解決方法]
轉個角度，小三房變成通透大三房

35～40年以上的舊公寓礙於當時的建築法規背景，在北市周邊鄉鎮形成一落落狹長街規劃的潮流，這類的房子大多寬面不足、光線不良、通風差，內部格局更是存在一條難以發揮機能的走道。所幸此案雖然是單面採光，但其採光面在面寬較長的一側，張設計師重新檢視每一個空間的使用狀況，同時刪除平日不用的餐桌位置，以吧檯及開放廚房取代，用斜面的方式加大室內採光面，利用廚房的屏風作為客廳主端景牆。客廳空間45度的斜角其實是相對於整體空間外框的角度，事實上，在設計師的專業調整下，客廳無論面對電視牆、廚房屏風牆，沙發背牆都是方正而完整的。

隔間斜切45度，讓室內以廚房吧檯作為中心點。

二間小浴室打通成一大間更實用，隨著客廳格局使後半段呈三角形，細長的走道也不見了！

After平面圖

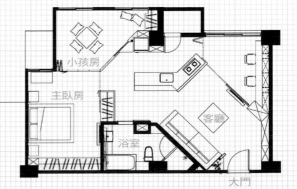

設計師完全跳脫方格子格局的舊式思考，將玄關與書房不用的斜角切給客廳，形成一個轉向45度的客廳，但神奇的是改變後客廳放大了，房間走道不見了，最重要的是坐在客廳時空間感仍然是方正的。

019

典型問題 02　　　許宏彰設計師的改造見解

表面上：**左邊客廳、右邊餐廳，格局合理可以直接搬進去囉！**

實際上：**沒有玄關、沒有足夠收納，是一切混亂的根源。**

Before平面圖

28坪大的新成屋擁有三面好採光，雖然室內規劃時下最風行的開放式客餐廳，但建商給的三房，著實讓公空間活動範圍狹小，同時產生不必要的走道。

[解決方法]

客房消失、隔間變櫃子，動線好有趣

　　即便建商在同一社區裡提供了制式化的住宅格局，但設計師能因著建築座向、屋主需求而提出客製化的設計方案。此戶住宅使用人口相當單純，對客房需求極低，「兩房兩廳」便足夠小家庭成員使用，不須要再區隔出一間房。設計師將原本的客房開放出來，成就出一個書房兼餐廳的區域，而原本的隔間牆以書架取代一般的餐具櫃，一方面提高書房比重、降低餐廳機能，另一方面在室內構成回字形的有趣生活動線。廚房與客廳中間以雙面櫃設計、兩側推拉門進出作為區隔，當廚房跟客廳間擁有彼此融入又區隔的彈性，等於掌控了大格局，同時將三面採光的優勢提升到極致。

餐桌位置原本是一間房，開放後採光與機能運用得到大改善。

After平面圖

改造關鍵在於捨棄了不必要的客房，以書為家的核心設計，該區域規劃成書房、餐廳雙機能運用的區域，以書架與陳列架取代一般的餐具櫃，並且採回字形動線設計，讓屋主不論是從兒童房、主臥房，或是從廚房進入這個結合餐廳的書房空間都相當方便。

| 表面上 : | 客廳有採光、還有客房和主臥房，感覺非常理想呀！ |
| 實際上 : | 窗戶打開就被鄰居看光光、客房佔去太多面積。 |

Before平面圖

28坪的住宅其格局方正，單面採光之處又與鄰棟距離過近、隱私有顧慮，而兩間臥室加上連結後陽台的封閉式廚房，占用掉室內大部份的坪數，餐桌被迫放置在極寬的走道上，其次兩間極小的衛浴，毫無舒適可言。

[解決方法]
棟距過近，客廳內移多一個客房

　　買下屋齡僅10多年的中古屋，即便屋況還不算差、室內坪數足夠，但假使室內格局、機能與收納安排不符合屋主需求，住起來其實是滿痛苦的；再者，房子與鄰棟住宅過近卻又是唯一的採光面，室內隱私堪慮成為一大問題。設計師從客廳著手，將腹地內移新增彈性客房，解決隱私顧慮，並改變沙發的位置，讓所有的視聽娛樂器材全數納入，以暗管鋪設。同時以強化玻璃區隔客廳與主臥房，維持穿透感，使光線得以自由流動。在主臥房另闢書寫區，區隔男女主人的生活動線。過去主臥房僅有淋浴區，微調格局後，有了泡澡浴缸一應俱全。室內各區域該有的收納空間，也都巧妙暗藏於牆面。

調整沙發座向，客廳腹地內移以摺疊門區隔出一個客房空間，保護隱私又無礙坪效。

以床鋪為中心的主臥房，後方為書桌兼化妝檯、右側是大浴室、床尾沿牆面架設層板。

After平面圖

考量到屋主夫妻為頂客族的特質，格局規劃上將許多尚未被好好運用的過道空間，根據使用頻率重新思考，重新分配到不同的機能空間。首先移除客房，將後陽台、廚房、餐廳整合成一個區域，而在客廳面光區域規劃彈性隔間的客房，並重整主臥房隔間與機能安排。

典型問題 04　　張成一設計師的改造見解

表面上：**40坪的房子有三房兩廳加開放式廚房，很棒吧！**

實際上：**進門一步就撞見廚房牆、餐桌就在臥房門外面。**

Before平面圖

這是一層一戶的建案規劃，出了電梯有個外玄關、進到屋裡又有個儲物間功能的內玄關，這樣的設計著實已經浪費掉一些坪數。有限的開放客廚空間，僅能將餐桌擺在三間臥室的門外區域，過多的門片也讓室內空間看起來擁擠、零星。

[解決方法]

微調一點點，每個地方就跟著完美

　　建商蓋房子的原則是「找最大公約數」，創造出大家看起來好像都可以接受的室內格局，但不一定好用！約略40坪的預售屋，有可以收納鞋子的內玄關，客餐廚三區開放規畫，還容得下三間臥房，聽起來很好，對吧？可是住起進去後，很多地方都沒那麼舒適。設計師說，儲藏空間太大又放在最靠邊的一排，沒什麼意義，把大門出入口換個邊，原本的儲物間改放廚房剛剛好，加上餐桌就是完整的餐廚空間。保留內玄關的必要性，要以整體格局來權衡輕重。接著，將客浴洗手檯拉出，在其隔間牆的背面規劃更衣室，就這樣提高兩間臥房的機能。設計師在每道隔間牆面、門片做一步步的微調，每個房間就跟著完整、方正起來了！

原本狹長突兀於室內的客浴，將洗手檯移出，就能從餐廳直通次臥房。

改造後的主臥房，成為一次擁有書房、更衣室與衛浴的高機能商務套房。

After平面圖

進出大門換一邊、去掉沒有意義的儲物間，開放式廚房移入，餐桌順勢遞補到最佳位置，連結起客廳與廚房。將原本的小三房，在兼顧主臥房、次臥房的前提下，微調修正出方方正正的主臥大套房與次臥小套房，兩間臥室機能大大提升，衛浴空間也舒適多了。

表面上：**一間房擁有四面採光真是難得一見的極品啊！**

實際上：**五邊形格局怎麼隔間都會產生畸零地，好浪費空間。**

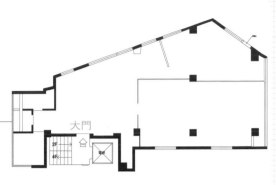

Before平面圖

30多年的老房子擁有幾乎四面採光的優越條件，卻受限於基地關係而使整體建築物面積呈現極不方正的五邊形屋況，導致內部格局配置相當棘手。

[解決方法]
柱體間的空隙，做為收納或遊戲間

　　要把原本是辦公室的室內空間，改造為住宅格局，本來就是件很費工的事，偏偏遇上基地面積呈不規則的五邊形、挑高僅265公分，可說是改造難度極高的屋案！43坪的格局平面可以提出2、3種的提案，但老屋面臨管線更新之餘，設計團隊還得替屋主看緊荷包。在不大變動遷移管線的前提下，設計師利用屋況特性來展現空間特色，同樣維持主臥、孩房與書房的三房需求，藉由調整隔間方式，創造出開放又具獨立性的客餐區域。原本很狹小的兩間衛浴，在更改了配置與動線，很明顯地寬敞了不少。

非方正格局的書房，只要透過書桌擺設位置就能將空間感拉正。

43坪的空間裡不免有許多大柱體，利用因而產生的畸零地作收納安排。

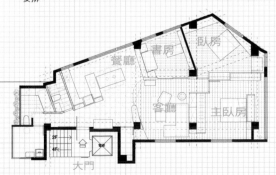

After平面圖

基於預算考量，衛浴與廚房管線不更動的前提下，著手格局配置。設計師掌握的技巧在於，透過隔間與家具配置盡可能將空間感拉正，然後善用柱體所產生的畸零地做收納或兒童專屬的遊戲，房子就會變得很好使用。

三人行必有兩師，設計師+風水師

好運不來？
最常見居家五大煞氣化解絕招

嫌建設公司的格局不好？
請風水老師來看過之後，才知道有許多地方要變更？
其實一般住家最常見的不外乎以下五種煞氣，
想要漂亮化解，就來看以下的介紹。

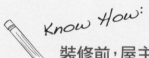

裝修前，屋主必知的四個風水新解

風水，不過是設計條件之一

風水也可以看做是屋主的「喜好」之一，是設計中的條件限制，看條件能不能成立，一切只是溝通協商的結果，結果則會影響設計上的難易與預算多寡。

動線、採光、空氣，現代風水三要素

風水可視為是一種能量轉換，只要動線好、採光好、空氣流通就是好風水，舉例來說，許多現代大樓的玻璃窗都是固定式不可開啟，空氣無法對流，就無所謂穿堂煞的問題。

物件年代有別，風水意義不同

以行為學的角度看風水，許多風水問題經過時間的改變，已不復存在，例如過去廁所、廚房被認為是污穢之地，要辦法藏起來；如今浴室設備與廚具設計動輒數百萬的預算，地位早已大大提升。

三人行必有兩師，風水師加設計師

在裝修前的討論階段，屋主可請風水老師和設計師同時到場溝通，由設計師提出幾種方案之後，讓風水老師決定之後才進行繪圖執行，可免去許多事後改設計、加預算的困擾。

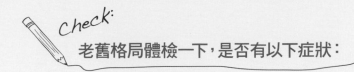
✗ **穿堂煞** │ 空氣流通不停，無法聚財。

此為一進門就會直視客廳窗外的動線，簡單說為前門通後門的格局，就構成穿堂煞的條件。

✔ **你可以這樣解：**

穿堂煞是室內設計上最常遇到的問題，解法上需要設立玄關加以屏蔽，達到迴風轉氣的效果，近年來由於觀念改變，玄關材質與設計手法多樣，透光、輕量、線條簡潔是趨勢，可以採木格柵、鏤空展示櫃、藝術玻璃屏風等等設計。

✗ **穿心煞** │ 有苦說不出，容易吃悶虧。

大樑從門口直穿客廳入房或橫切屋面，彷彿一箭穿心，稱為穿心煞。

✔ **你可以這樣解：**

最常見的做法是利用天花板順勢將樑包起來，形成隱藏式的冷氣出風口，或是用多層次、階梯式的天花板間隔，讓樑本身變成裝飾的一部份。進階的做法則還有另做假樑與真樑形成十字型、鏡面包覆大樑等等方式。

✗ **沖灶煞** │ 家庭開銷大，家人易不和。

廚房是財庫之所在，若大門打開就看見爐火位置或是坐在客廳可直視爐火，都稱為沖灶煞。

✔ **你可以這樣解：**

一般為開放式廚房較容易產生沖灶煞，建議可以採用拉門或玻璃門加捲簾來隔絕視線，或是在爐火前方加設較高的中島檯面來遮擋即可。

✗ **水火煞** │ 家人容易生病。

爐火位置與浴室門直接相對，廁所的穢氣會直衝廚房，故家人會有免疫力不佳的狀況發生。

✔ **你可以這樣解：**

此種狀況最好的辦法是更動格局，將廁所的門轉向，若預算不足、牆面真的無法移動，則要利用各式簾幕遮擋，或是將廁所門改為暗門、隱藏門處理。

✗ **鬥口煞** │ 口舌爭吵、是非多。

住家中有兩個房間門正面相對，門對門會容易產生意見不合的現象，所以稱為鬥口煞。

✔ **你可以這樣解：**

化解方法可在門框上做變化，最常見的是垂掛布簾、線簾等遮掩，或直接打牆改出入口，可視屋主的預算而定。若房間為共用的書房、起居室，則可將門改為穿透性佳的玻璃門或鏤空門來化解。

我每天許3個願望 . . .

不要懷疑，
當室內燈光暗下來之後，
天花板及壁面卻能呈現3D的立體感，
讓妳想置身於浩瀚星空中或汪洋大海裡，
都不再是天方夜譚。

當您關燈時，大片星河進入眼簾

由天看不見，完全不受干擾您原有的住家設計

STAR ART

http://www.starlucky.com 24 小時服務專線：0991-290290 E-mail:w6636@ms9.hinet.net
星空夜語藝術有限公司 台北市重慶北路一段 22 號 11 樓之一
Tel:02-2421-7171.02-2748-9951 Fax:022421-7272

*110*個不良格局現形記
✕
*110*種你已經面臨的生活亂象大破解

大門開在中段沒玄關、一進門就見廚房、房間走道很浪費、
衣櫥放不下等各種生活亂象，每天困擾全家人。
經驗豐富的設計高手來救援，只要改動一個位置，沒有一種格局不能救。

缺少玄關，生活雜物、隱私都被看光光啦！真沒安全感。

拯救【無玄關】格局

case01

 看屋第一眼OS

"一進門就看到廚具在旁邊好奇怪啊！"

"門口完全都沒有可收納鞋子的空間。"

Before story

　　四房兩廳的新成屋格局方正工整，唯一美中不足的是原始屋況為開放式的廚房規劃，導致一進門就見灶，進門處毫無緩衝與可遮蔽的玄關空間；客廳則因四房需求變得侷促，令空間感不夠開闊，十分可惜。

客廳

廚房

大門

Before

救援大重點【玄關】
只要一道櫃子

救援王・
楊崇毅・原晨設計
02-35017037

鞋櫃當隔間，順利分離玄關與廚房

👍 格局第一步idea

"在玄關與廚房中間多
加一道櫃子，立刻讓進門
處有了玄關，也獲得好多
收納鞋子的空間。"

After story

設計師增設入口與廚房之間的櫃
子，搭配玻璃拉門創造獨立的廚房空
間；也將緊臨客廳的臥房規劃為書房，
以玻璃隔間讓客廳視線延伸，空間感自
然而然就擴大了，讓此戶空間格局透過
微調就能完美拯救。

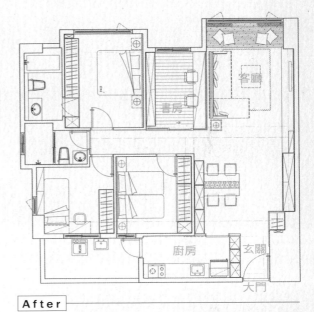

After

・坪數：32坪　・室內格局：四房兩廳　・居住成員：夫妻

029

缺少玄關，生活雜物、隱私都被看光光啦！真沒安全感。

拯救【無玄關】格局

case02

 看屋第一眼OS

"推開門直視廚房及牆壁，感覺風水不好。"

"完全沒有玄關收納的機能。"

Before story

位於高樓的四房兩廳新成屋，雖然方正大器，但開放式格局導致開門見灶的風水忌諱及走道面壁的窘況。面對視野受限的侷促感，如何引導視線與動線，創造屋主喜愛的寬敞大宅是設計關鍵。

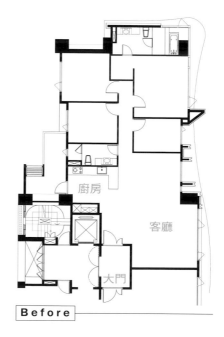

廚房

客廳

大門

Before

救援大重點【玄關】
只需轉個方向

救援王·
廖正壹
成吉思汗室內設計
02-27858086

微調入門動線，創造大器門廳

 格局第一步idea

"將玄關轉個方向，不僅引導視線、動線與氣流到客廳，也讓玄關、廚房都有好多的收納空間。"

After story

設計師巧妙調整玄關原開口對廚房及走道的乾坤挪移方式，並以斜角削切于法處理強化，讓玄關扮演引導進入客廳的暗示角色，也創造氣流引導功能。讓人甫踏入玄關轉向客廳時，便可臨場感受形塑空間的壓縮與伸展術，感受氣勢磅礴的門廳風範。

After

·坪數：48坪 ·室內格局：四房兩廳 ·居住成員：夫妻、子女

缺少玄關，生活雜物、隱私都被看光光啦！真沒安全感。

拯救【無玄關】格局

case03

看屋第一眼OS

"一進門就是餐廳，又直視前陽台，感覺整屋都被看光。"

"鞋子都不知道要擺哪？不小心還會跑進餐廳裡。"

Before story

　　三十多年的老住宅，原始屋況的動線十分奇怪，穿堂煞的風水問題更迎面而來。缺少完善的內玄關設計，導致一堆凌亂的鞋子蔓延到餐廳。而卡在大門口的餐廳也造成室內動線不順暢，直接影響到公共活動空間的寬敞性。

Before

救援大重點【玄關】
只要一道屏風

救援王・
林良穗・采金房國際
股份有限公司
0800-006866

屏風當前導，餐廳、客廳各就各位

 格局第一步idea

"在玄關與餐廳中間加個屏風當隔間，擋去穿堂煞。又可以讓餐廳及客廳依序擁有各自的空間。"

After story

設計師在玄關與餐廳間，以德國畫家親手繪製的彩繪玻璃屏風作為內外區域的介質，有效地掩去穿堂煞的風水問題，同時透光性也讓整體公共空間更加明亮。屏風塑造出玄關的獨立性和收納功能，並以淺色木皮及懸吊櫃體，減低區域的壓迫感受。

After

・坪數：45坪 ・室內格局：四房兩廳 ・居住成員：夫妻、2子女

缺少玄關，生活雜物、隱私都被看光光啦！真沒安全感。

拯救【無玄關】格局

case04

 看屋第一眼OS

"一進門就看到落地窗，而且大門旁就是柱子。"

"連收納鞋子、雨傘的地方都沒有。"

Before story

　　43坪的電梯大樓新成屋，如果照原本建商既定格局入住，對於夫妻兩人新生活來說，就算空間再寬敞也是一種浪費。而且對於中坪數的住宅來說，用玄關創造空間器度與生活樂趣，才能讓未來生活更美妙。

客廳

大門　　餐廳

Before

救援大重點【玄關】
就靠ㄇ字型玄關

HELP 救援王・
王培鴻
柏閣室內裝修工程
02-25287722

ㄇ字型玄關，創造柳暗花明又一村

 格局第一步idea

"**利用轉折打造的玄關，
不僅收納所有雜物、創造
大宅器度，更讓家擁有行
走樂趣與戲劇性。**"

After story

由大門進入屋內，可以看到整體以黑
銀弧石打造的玄關，特殊的石紋線條與色
彩突顯出屋主的個性品味。接著進入採光
極佳的白色客廳，由黑到白的大反差，以
及超乎一般住宅的寬敞格局，讓人感受空
間的美感及戲劇性。

After

・坪數：43坪　・室內格局：四房兩廳　・居住成員：夫妻

缺少玄關，生活雜物、隱私都被看光光啦！真沒安全感。

拯救【無玄關】格局

case05

 看屋第一眼OS

"一進門沒有玄關就進餐廳好唐突喔！"

"沒有收納全家鞋子、雜物，孩子書包、玩具的地方。"

Before story

裝潢前的屋況是個缺乏玄關規劃的房子，一進門就是公共空間。但是5個人生活的大家庭，擁有的鞋子、雨傘、袋子、玩具數也數不清！不是自己買幾個小鞋櫃裝裝就能解決收納的問題，一定要有處收納機能超強的玄關才行。

客廳

餐廳

大門

Before

救援大重點【玄關】
只需L型玄關

救援王·
翁祺炫
龍鼎國際室內
裝修有限公司
02-82511091

L型收納櫃引導，創造華麗收納術

 格局第一步idea

"利用吊櫃式收納，搭配豪華端景櫃，就算是全家五口的鞋子和雜物，也能收納的美美的。"

After story

設計師利用新增的玄關區讓屋主進出有處轉換的場域，不僅滿足全家的收納之便，更利用空間語彙寓意圓融的人文意涵，串起「宇宙之最」的設計語彙。一進門的玄關天花便以金箔作為高度延伸的介質，在燈光反射下，黃澄澄的視覺焦點如同頭頂著一座金字塔的隱喻，讓人有向上延伸的錯覺，再搭配以水刀切割的大理石拼花地坪與窯燒千層玻璃的鞋櫃門片，共構出大器軒昂的入門印象。

After

· 坪數：93坪 · 室內格局：四房兩廳 · 居住成員：夫妻、3小孩

缺少玄關，生活雜物、隱私都被看光光啦！真沒安全感。

拯救【無玄關】格局

case06

⊖ 看屋第一眼OS

"入門即見客廳落地窗，將空間一眼望盡。"

"缺乏收納的玄關，讓人容易覺得家裡凌亂。"

Before story

雖然是五十餘坪的新成屋，但如同許多電梯大廈常見的格局：開門即見落地窗、及缺乏明確分區的客廳與餐廳空間，這樣的空間雖然開闊感十足，可是一旦進駐生活、家具用品一多，就會感覺空間變得凌亂。

客廳

餐廳

大門

Before

救援大重點【玄關】
增加衣帽間

救援王・
美麗殿設計團隊
美麗殿設計
02-27220803

隱藏衣帽間＋端景櫃，
展現俐落豪宅風貌

👍 格局第一步idea

"善於利用大門旁的小空間，搭配端景牆，創造出豪宅才有的衣帽間。"

After story

原本開門即見落地窗的空間格局，設計師特別規劃出玄關，進行空間的轉折。俐落的玄關設計，迎面包框的金色圖騰端景襯底，搭配一座新古典玄關櫃與藝術品創造入口焦點，而右牆內藏著衣帽間，完整入口的意象。

客廳

餐廳　玄關

大門

After

・坪數：50坪 ・室內格局：三房兩廳
・居住成員：夫妻、2小孩

缺少玄關，生活雜物、隱私都被看光光啦！真沒安全感。

拯救【無玄關】格局

case07

⊖ 看屋第一眼OS

"一進門視線就迎向餐廳與廚房，感覺沒有緩衝。"

"大門正對廚房後門的風水問題，很傷腦筋。"

Before story

　　雖然新居的格局公私分明，客廳、餐廳都有專屬位置，但一望無際、前門直通後門的風水問題，真是讓屋主傷透腦筋。加上一家五口的鞋子收納問題，真是考驗設計師的功力。

廚房

客廳

大門

Before

救援大重點【玄關】
只要一道玻璃屏風

救援王・
顏國州・古鋮設計
02- 29080817

藝術玻璃屏風，圈出玄關範圍

👍 格局第一步idea

"在玄關與餐廳中間多加一道玻璃屏風，立刻擘畫豪宅氣勢，也讓視線不再直視餐廳和廚房。"

After story

設計師利用一道藝術玻璃屏風，圈出玄關範圍，適時地遮擋大門視線直視餐廳與廚房的尷尬，巧妙地化解不良風水問題，同時導引光線穿透，讓玄關也能分享來自廳區的採光。以大理石拼花構成主題的玄關，衣帽間隱形於一旁的金、銀箔牆景裡，為大宅設計揭開華麗的序幕。

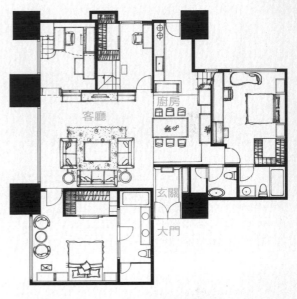

After

・坪數：50坪 ・室內格局：四房兩廳 ・居住成員：夫妻、三小孩

缺少玄關，生活雜物、隱私都被看光光啦！真沒安全感。

拯救【無玄關】格局

case08

 看屋第一眼OS

"雖然有個小玄關，但空空的不實用。"

"進門直接見到落地窗，有穿堂煞的問題！"

Before story

　　15年的中古屋其實屋況並非舊到不堪使用：有個小玄關但使用效率不彰、入門直視陽台卻光線不佳、收納空間少、沙發位置受限、陽台雜亂等種種令人不悅的大小狀況。

客廳

餐廳

大門

Before

救援大重點【玄關】
只要一道旋轉鐵件屏風

救援王·
宋豪毅·齊禾設計
02-25786851

旋轉屏風，化解穿堂煞又不佔空間

👍 格局第一步idea

"在玄關與餐廳中間加一道旋轉鐵件屏風，增加生活風格層次，又節省空間。"

客廳

餐廳

玄關

大門

`After`

·坪數：15坪 ·室內格局：兩房兩廳 ·居住成員：夫妻

After story

　　由於進入室內先遇見餐廳區，設計師在玄關與室內設計了一扇很特別的半圓迴轉屏風，噴砂玻璃與鐵件的組合有如鄉村風的格子窗，半穿透的視覺感則化解穿堂風水忌諱。而且以百合白與烤漆白色澤的百葉門片來設計衣帽櫃，並將它升級成為可吊掛衣服的高櫃，收納量及質感都較普通鞋櫃更好。

缺少玄關,生活雜物、隱私都被看光光啦!真沒安全感。

拯救【無玄關】格局

case09

看屋第一眼OS

"一開門就進入公共廳區,沒有鞋櫃及穿鞋區。"

"回到家之後,欠缺心情轉折的緩衝空間。"

Before story

　　屋齡不到4年的中古屋,擁有格局方正、採光明亮的先天優勢,但回家一開門就直接進入客廳和餐廳,不只沒有地方收納衣鞋、鑰匙,也沒有可以坐一下換鞋、喘口氣的地方。

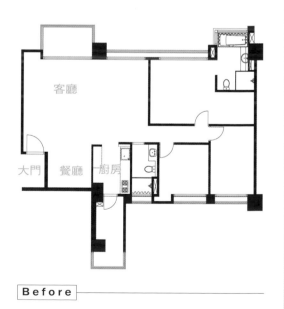

客廳

大門　餐廳　廚房

Before

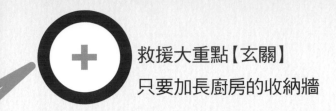

救援大重點【玄關】
只要加長廚房的收納牆

救援王・
林志峰
創境室內設計
03-6578131

廚房牆面轉個彎，就創造玄關區

 格局第一步idea

"利用開放式餐廚中的收納櫃，轉折並加長，就能順勢分開玄關與餐廳區，更能一櫃兩用，收納鑰匙、鞋子。"

After story

設計師活用廚房的系統家具活動陳架，藉以修飾電箱及對講機，並區隔出開放式餐廚與玄關，同時創造出一櫃兩面的收納展示區。為了區隔玄關與客廳地坪差異，玄關區改鋪淺灰板岩，而客廳則維持原有地磚材質，同時增加可輕鬆穿鞋的長凳，方便屋主及客人休憩。

After

・坪數：32坪　・室內格局：四房兩廳　・居住成員：1人

缺少玄關，生活雜物、隱私都被看光光啦！真沒安全感。

拯救【無玄關】格局

case10

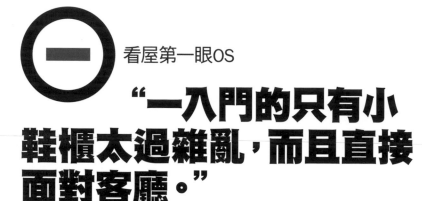

看屋第一眼OS

"一入門的只有小鞋櫃太過雜亂，而且直接面對客廳。"

"進門毫無隱私性，完全不適合全家三代的未來新生活需求。"

Before story

居住三十多年的老家，在面對即將到來的三代同堂，老舊的空間設計早已不敷使用。除了管線老舊及壁癌等問題急待解決外，格局及收納也全不合格，光是大門口的小鞋櫃，就對一家五口的鞋子收納幫不上忙。

客廳

餐廳

大門

Before

救援大重點【玄關】
只要兩片柚木屏風

救援王‧
俞佳宏
尚藝室內設計
02-25677757

柚木屏風解決視覺尷尬，又能第一時間看見家中狀況

👍 格局第一步idea

"在玄關處用兩片屏風，解決一進門即見客廳的視覺尷尬，並搭配大型鞋櫃及延伸的L型穿鞋椅，滿足收納穿鞋所需。"

After story

從一進門的玄關開始，設計師設置大型鞋櫃滿足一家五口的收納，同時依櫃體設計的L型長椅，再搭配以兩扇鐵件與柚木格柵組成的屏風，區隔玄關與客廳之間的關係，半透明式屏風更解決一進門即見客廳的視覺尷尬。

After

‧坪數：50坪 ‧室內格局：三房兩廳 ‧居住成員：夫妻、長輩、2女

047

缺少玄關，生活雜物、隱私都被看光光啦！真沒安全感。

拯救【無玄關】格局

 看屋第一眼OS

"雖然空間格局還不錯，但一進門就看到餐廳的牆面。"

"空間少了適度的屏障，感覺空間缺乏層次與深度。"

Before story

　　雖然空間與格局已足夠一人居住使用，然而一進門就看到餐廳的牆面，少了適度的屏障，總覺得美中不足。加上屋主嚮往的是色彩豐富的居家，若是家中色彩繽紛、家具眾多，會不會一進門就有「亂」的感覺？

餐廳

客廳

大門

Before

救援大重點【玄關】
只要夾紗玻璃屏風

救援王・
丁薇芬
丁薇芬設計工作室
0960-728560

夾紗玻璃屏風，營造入門喜氣印象

👍 格局第一步idea

"在玄關區和餐廳區，用紅色夾紗玻璃屏風營造空間層次；又能遮掩一眼到底的尷尬。"

After story

設計師在玄關區用一道紅色夾紗玻璃屏風聚焦眾人目光；隱約穿透的屏風不僅能遮擋直視餐廳牆面的尷尬，創造出空間層次。另一側轉折入客廳區的格屏則運用竹子屏風達成裝飾、遮掩和延續設計目的，營造出實用機能與人文氣息兼備的空間質感。

After

・坪數：25坪　・室內格局：兩房兩廳　・居住成員：1人

缺少玄關，生活雜物、隱私都被看光光啦！真沒安全感。

拯救【無玄關】格局

case12

 看屋第一眼OS

"客廳牆過短，一打開門就碰到沙發，真是又擠又尷尬！"

"開在客廳中央的大門，根本沒地方可以規劃鞋櫃。"

Before story

原本就不是很大的20坪老房子，加上客廳深度不足，若在電視牆一側加裝電視櫃和鞋櫃，不僅會遮住採光也會使客廳更加擁擠。雪上加霜的是：大門又開在客廳的正中央，空間被切割的更凌亂，真不知道鞋櫃到底擺哪好？

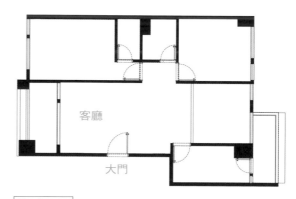

客廳

大門

Before

救援大重點【玄關】
只要增建一道新牆

救援王‧
柯竹書、楊愛蓮
大湖森林室內設計
02-26332700

一道新牆增加了鞋櫃、儲藏室，同時還是餐廳端景牆

 格局第一步idea

"在離大門一公尺處，增設一道新牆做為新的儲物空間，同時又可拉出空間層次，成為餐廳的端景牆面。"

After

‧坪數：20坪 ‧室內格局：三房兩廳 ‧居住成員：夫妻、1子1女

After story

　　設計師於入門右側新砌牆面，打造新增的儲物空間，不僅幫助面寬不足的客廳有玄關位置，又可提供可作鞋櫃的新空間；另一端靠廚房則是公共儲物間。同時，新牆面也順勢成了餐桌椅憑靠的端景牆。

缺少玄關，生活雜物、隱私都被看光光啦！真沒安全感。

拯救【無玄關】格局

case13

看屋第一眼OS

"大門被主臥室房門及公共空間包夾，沒有多餘空間給玄關。"

"進門就直視客廳的動線，完全沒有緩衝。"

Before story

位於辦公大樓內的10年中古屋，即便室內坪數超過40坪，但是兩戶打通的房子，讓屋主一開大門就直入公共空間及主臥空間，這種尷尬的格局狀況，讓喜愛新古典風格的夫婦倆，笑稱有如封閉式的國宅。

主臥房　客廳　大門

Before

救援大重點【玄關】
只需L型牆面

救援王・
江欣宜・繽紛設計
02-87875398

L型牆面擘劃出新古典豪宅氣勢，
不只作為玄關，更是客廳的電視牆

👍 格局第一步idea

"運用穿透感茶玻璃與牆面打造出L型牆面，劃開空間，也進行動線的規劃，並設置衣帽間進行收納。"

After

・坪數：42坪　・室內格局：三房兩廳　・居住成員：夫妻

After story

　　設計師先統整整體的格局，將餐廳往右挪移，並讓客廳背對著落地窗，釋放出玄關空間。再以L型牆面界定它，搭配穿透感茶玻璃與客廳形成視覺延伸的開闊性，並設置電動門衣帽間，揭開奢華的新古典設計。

缺少玄關，生活雜物、隱私都被看光光啦！真沒安全感。

拯救【無玄關】格局

case14

⊖ 看屋第一眼OS

"推開大門就長趨直入地進入公共空間，但門旁邊就是廚房。"

"開闊的空間該怎麼界定出玄關、客廳和餐廳？"

Before story

　　喜歡與好朋友們舉辦各式戶外活動、派對聚會的屋主夫婦，常有一大群朋友來家裡玩。因此在規劃新居時，希望新家能擁有可睡30個人的空間及開放式廚房等寬敞的設計，讓朋友們都能盡情玩樂！

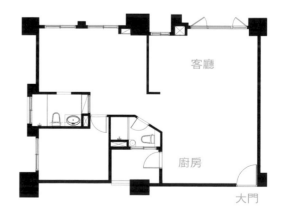

客廳

廚房

大門

Before

救援大重點【玄關】
只要雙面櫃

救援王・
羅淳
金租國際&
金晟創意設計
0966-371338

一道雙面櫃，不僅是鞋櫃，也是廚房的電器收納櫃

 格局第一步idea

"在玄關與廚房之間，增加一道雙面櫃，順利地區隔出空間，也同時增加彼此的收納。"

After story

　　首先，設計師規劃出玄關區，在玄關與廚房之間採取雙面櫃設計，創造出鞋櫃、電器櫃機能，同時櫃子亦是區隔空間的角色。其次，於開放空間中，規劃出客廳、開放式中島廚房及半開放式書房，少了牆面的隔閡，空間多了通透，亦更顯寬敞。

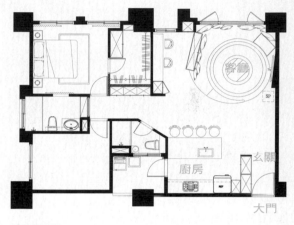

After

・坪數：27坪　・室內格局：兩房兩廳　・居住成員：夫妻、1女

缺少玄關，生活雜物、隱私都被看光光啦！真沒安全感。

拯救【無玄關】格局

case15

🚫 看屋第一眼OS

"大門怎麼會是這個方向，左邊凹進去的小空地要做什麼用？"

"進門動線不是直進客廳，反而讓人轉進餐廳很不合理啊！"

Before story

　　整棟中古屋大樓的住戶基於風水的因素，更改大門入口的位置，留下原本的玄關空間內凹，成為難以應用的畸零空間，使得買下這座公寓的屋主非常頭痛。該如何利用舊玄關凹角，變成可以利用的書房兼客房，可以怎麼做呢？

客廳

餐廳

大門

Before

救援大重點【玄關】
增設一道美式住宅前廊

救援王‧
簡武棟、柳絮潔
齊舍設計事務所
02-25505887

利用木隔屏增設一道美式前廊，增加書房也創造玄關

格局第一步idea

"在大門口運用立柱、門楣、清玻璃與百葉折窗，設計出美式風格的玄關空間。"

After story

　　設計師運用立柱、門楣、清玻璃與百葉折窗，在現有大門位置設計出美式住宅的前廊意象＝玄關空間，同時成就其他空間的完整性（書房、客廳、餐廳），而半開放式的書房兼客房擁有足夠的使用空間，既可獨立也可開放。

After

‧坪數：31坪　‧室內格局：四房兩廳　‧居住成員：夫妻、1子1女

打造一家人100%的舒服動線

買預售屋的首要重點在「客變」

「客戶變更」簡稱「客變」。
就是屋主在購買建設公司尚未蓋好的預售屋時,
更動或取消未來建商規劃的格局、建材,
透過委任設計師與建商的溝通,增加或減少費用,
不但省去日後拆除和施工的困擾,也藉此購得最符合自己需求的房子。

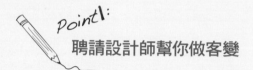

Point1:
聘請設計師幫你做客變

買預售屋時,如果要變更原來建商所提供的格局、建材,中間會有相當繁瑣的執行過程,包括有些不能更動的規定,水電、空調、消防和給水等管線的安排等,交由專業的設計師事先規劃,還可以在最後幫屋主檢查建商退費明細是否正確,省去屋主許多與建商交涉的力氣。

屋主在預售屋階段找設計師、或等新屋完工才找設計師,聘請設計師的費用是一樣的,但是越早讓設計師了解空間的狀況,其實可以幫助屋主省下許多自己與建商溝通的力氣,由專業的設計師為過程把關,更有保障。

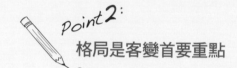

Point2:
格局是客變首要重點

屋主可在建商接受的範圍內,免費更動或取消隔間牆的位置,但是只能替換和建商相同的使用材料,例如不能將原來的輕隔間替換成磚牆、磚牆替換成玻璃,否則就必須自行負擔費用。屋主必須了解一但格局變動之後,原有的電源插座、燈具出線位置、空調管線和冷熱水管也必須重新規劃,尤其是建商所預留的穿樑孔、空調位置等,在變更格局時要格外注意,最好能妥善利用,如果變更數量超過建商提供,就須付差額。

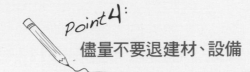

Point 3: 建材是最常客變的項目

一般建商在賣屋時，都會附送可供三選一或四選一的建材，例如木地板有從深到淺、磁磚也有不同顏色的選擇等等，此時屋主可以請設計師代為搭配，如果真的不中意，再退回給建商折價，自行選購喜歡的建材。

雖然不喜歡的建材可以請建商折價退回，但是有些建商會採取「只退不增」的方式，例如你想拓寬浴室，但原本建商的磁磚不夠鋪設，此時建商會希望你將磁磚直接退回折價，再請你自行負擔新磁磚所需的費用，以節省往來計價的麻煩，屋主要特別注意。

Point 4: 儘量不要退建材、設備

因為建商在採購設備、建材都是大量採購以壓低成本，因此屋主若要退換，通常只會退低於市價的價錢，並不划算，因此建議不需要全盤退還給建商，在有限的選擇下，還是可以請設計師搭配出風格整體的居家空間。雖然不喜歡的建材仍可以請建商退費，但是建商是「退料不退工」，例如退掉磁磚，建商只會退磁磚材料的費用，當屋主重新購買喜歡的磁磚時，除了材料費，還包含了師傅到府鋪設的工錢，這點屋主必須先了解。

因為「客戶變更」之後，會有許多細目的加減帳，此時建商會列出清楚的退費明細，屋主最遲應該在付尾款交屋前，就要拿到明細，此時可以委託設計師代為檢查確認，看是否有計算錯誤的地方。

委託設計師客變，省時省力！

	委託設計師客變	屋主自行客變
變更設計	設計師除了規劃圖面，負責任的設計師也會不定期去工地視察施工跟變更是否相符，並了解進度。	自行與建商接洽，必需經常親自前往工地監督。
與建商溝通	蓋屋期間，屋主可請設計師代為與建商溝通任何與房子有關事宜。	屋主如果出國，建商難以連絡到屋主，容易發生糾紛。
退費明細	設計師幫屋主檢查變更設計後的退費明細是否正確。	屋主自行計算。
交屋	設計師陪同驗屋，並提出專業意見，請建商改進。	屋主無法判斷細節上是否有疏失。

只要把自然光納進客廳，坐在沙發就會不自覺地微笑好久。

拯救【不良客廳】格局

case16

看屋第一眼OS

"客廳雖方正，但窗戶離的很遠，光線完全進不來。"

"怎麼會用暗沉色系的裝潢，讓人一點也不開心。"

Before story

　　為了孩子的學區問題，花了不少錢在台北市精華地段買下這間有35年屋齡，但才23坪的房子做為人生的「第一個家」。買下才發現採光集中在廚房、衛浴、臥室等私密空間，反而一進門的客廳顯得陰暗無光，加上低樑及原本暗色系的裝潢風格，使得空間更顯壓迫。

客廳

廚房

大門

Before

救援大重點【客廳】

只要動一面牆

HELP

救援王·
宋豪毅·齊禾設計
02-27487701

牆面退一步，光和空氣都動了起來

 格局第一步idea

"把固定隔間牆退縮約50公分，竟然可以就讓客廳與廚房、浴室之間變成光與風的遊樂場。"

After story

設計師保留原有廚具，僅將原本連接電視櫃的廚房及衛浴牆面退縮約50cm寬，形成一小型動線，圍繞著降低至90cm電視櫃體而行走，除了方便外，更讓光線以橫向方式串流在廚房、衛浴，甚至到主臥房，讓空間更顯明亮，並由原本的灰色石材牆改為梧桐木染白設計，透過白色的量體減輕及放大空間。

After

· 坪數：23坪 · 室內格局：兩房兩廳 · 居住成員：夫妻、小孩

只要把自然光納進客廳，坐在沙發就會不自覺地微笑好久。

拯救【不良客廳】格局

case17

 看屋第一眼OS

"客廳深度超長，一家才三口不需要這麼大的客廳呀！"

"我需要獨立的書房，有辦法挪空間出來嗎？"

Before story

　　房子為新成屋，從既有的玄關進入室內，寬敞的客廳及明快的採光在整體上顯得舒適、大器，但是，美中不足之處在於公共廳區的比例不佳。而且屋主家庭人口單純，實在不需要如此大坪數的客廳，加上男主人有專用書房的需求，如何平衡空間比例，滿足屋主家庭的真正需求才是規劃的重點。

廚房

客廳

大門

Before

救援大重點【客廳】
只要加一道櫃與牆

救援王・
陳錦樹・富億設計
02-27099338

書櫃+電視牆，順利區隔書房與客廳

👍 格局第一步idea

"是書房的書櫃也是客廳的電視牆，一道牆平衡公共廳區比例，也為男主人增闢出專用書房。"

After story

　　設計師先在空間頗大的玄關加設一道視覺可穿透的屏風，稍微延長餐廳的背牆，讓餐廳的空間感加大；並將玄關旁的小空間重新設定為男主人獨立書房，給予寧靜私密的需求。如此一來，不僅順勢界定玄關、書房與客廳空間，加上白色調的開放式餐廚的大空間視感，使得整體公共廳區的大小比例獲得完美調整。

客廳　廚房　餐廳　書房　大門

After

・坪數：70坪　・室內格局：兩房兩廳、書房　・居住成員：夫妻、1子

只要把自然光納進客廳，坐在沙發就會不自覺地微笑好久。

拯救【不良客廳】格局

case18

看屋第一眼OS

"雖然客廳格局很方正、很亮，但餐廳牆面卻不規則。"

"三房竟只有一個出口，感覺快迷路了。"

Before story

24坪的電梯大廈，雖然空間足夠夫妻倆人使用，但原始格局不佳。雖然有採光明亮的客廳；然而位處深處的餐廳，卻因每個單位的不完整變成多邊形，造成動線不順暢、收納又不充足；加上房間只有一處出入口，不良的格局和動線非常奇怪又不合理。

廚房

餐廳

客廳

大門

Before

救援大重點【客廳】

只要移一面牆

救援王・
偕志宇・里歐設計
02-28982708

重新界定客廳背牆，光線就能直達餐廳深處

👍 格局第一步idea

"將客廳背牆移後一點設置半開放式書房，同時拉齊客浴牆面，讓光線能透入餐廳。"

After story

在空間有限的情況下，設計師打破區域間的隔閡，將原本客廳背牆後移，並在原來的位置上利用清玻璃隔間打造半穿透性的書房，無隔閡且大面積的開窗，讓採光得以進入餐廳；一同被拉齊的客浴牆面也讓動線更流暢，各具機能的臥房和書房，創造出通透且多機能的生活。

廚房

餐廳

大門

客廳

After

・坪數：24坪　・室內格局：兩房兩廳、書房　・居住成員：夫妻

只要把自然光納進客廳，坐在沙發就會不自覺地微笑好久。

拯救【不良客廳】格局

case19

⊖ 看屋第一眼OS

"進門後，得轉折多次才能進入客廳，很不順暢。"

"餐廳卡在所有房間的通道中，小小擠擠的，感覺不好用。"

Before story

常見的三房兩廳、儲藏室配置，乍看下合理，但格局裡卻隱藏著不利生活使用的動線問題。玄關的轉折造成了小廚房，而卡在三間房間、客用衛浴及廚房出入口的小餐廳，凹凹凸凸的公共廳區，讓熟年夫妻的生活無法順利施展。

Before

救援大重點【客廳】
只要改變進門方向

救援王・
張成一
將作空間設計
02-25116976

拉齊半穿透牆面，同時平整格局

👍 格局第一步idea

"改變玄關開口位置，
調整餐廚空間，再運用
半穿透牆面，拉齊所有
房間牆面。"

After story

　　首先改變玄關入口並設置格柵屏
風，將原本儲藏間併入開放式餐廚空
間，原來卡住動線的小餐廳跟者移位
擴大。再於書房與客廳、餐廳與客用
衛浴間建立起隔牆，切開公共廳區與
私密區域，利用穿透性的清玻璃、霧
玻璃及半牆，將整個屋況拉長伸展開
來，創造廳區的遼闊無壓風景。

After

・坪數：28.5坪　・室內格局：兩房兩廳、書房　・居住成員：夫妻

只要把自然光納進客廳，坐在沙發就會不自覺地微笑好久。

拯救【不良客廳】格局

case20

看屋第一眼OS

"雖然格局很方正，但房間比例大過於客廳。"

"狹小的客、餐廳讓人待不住，大家都躲在各自房間中。"

Before story

因為喜歡這裡的環境及戶外視野，因此屋主買下這間新成屋做為一家四口的新家。但36坪空間劃分了四房兩廳的格局，使得每個空間狹小，狹長的開放式客、餐廳設計，不僅讓人一進門感到壓迫，也無法成為家人主要聚集的地方，而過多的轉角，也怕孩子在活動時受傷。

Before

救援大重點【客廳】
只要活動式拉門

HELP 救援王・
劉文獻
喬新室內設計
03-6585169

以活動式拉門取代固定牆面，創造大聚會空間

👍 格局第一步idea

"將客廳旁的房間設定為書房，並將牆面改為半開放式造型拉門，無形加大客廳空間。"

After story

設計師將緊鄰客廳的一房改為半開放式書房，讓客廳視覺得以開展，而且結合客廳及書房兩面落地大窗，讓空間更為明亮，也解決原本走廊過長而陰暗的問題。半開放式拉門的書房牆面，採用三種不同材料及造型的拉門，為空間帶來不同的變化，變大、變明亮的公共空間，滿足屋主想要全家人能聚集活動又安全的願望。

After

・坪數：36坪 ・室內格局：三房兩廳、書房 ・居住成員：夫妻、1子1女

只要把自然光納進客廳，坐在沙發就會不自覺地微笑好久。

拯救【不良客廳】格局

case21

⊖ 看屋第一眼OS

"雖然客廳擁有好採光，卻是不規則的六邊形格局。"

"好短的電視牆，難不成大家要分排坐才能看電視？"

Before story

面向校園的電梯中古屋，視野條件、採光都好，可惜的是斜面入口產生畸零角落難以利用，加上很短的電視主牆、縱深不夠的客廳，空間感顯得擁擠。而且過大的主臥房，不符合屋主需求，期望能有一間書房兼琴房。

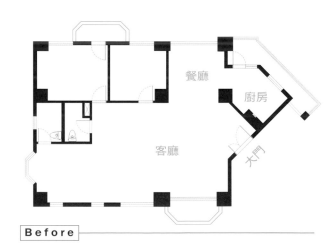

餐廳

廚房

客廳

大門

Before

救援大重點【客廳】
只要360度旋轉電視柱

救援王・
馬健凱
界陽&大司室內設計
02-29423024

360度旋轉電視柱，放大二倍空間寬廣感

👍 格局第一步idea

"360度旋轉電視柱讓廳區景深更寬敞，更提供隨性自由的影音觀賞角度。"

After story

設計師打破傳統電視牆的概念，利用客、餐廳之間的過道，安排360度旋轉電視柱，加上翻轉沙發座向之後，客廳便能獲得比原本大二倍的寬廣空間感，也提供屋主更隨性自由的影音觀賞角度。並將原有主臥室的第二房空間釋出，成為客廳旁的書房，清玻璃與黑烤漆玻璃的隔間，更帶來放大的效果。

餐廳　廚房
電視柱
客廳　大門

After

・坪數：35.5坪　・室內格局：三房兩廳、書房兼琴房　・居住成員：夫妻、2子

只要把自然光納進客廳，坐在沙發就會不自覺地微笑好久。

拯救【不良客廳】格局

case22

 看屋第一眼OS

"客廳很大，但缺乏我們夫妻需要的工作空間。"

"我們想要能擁有平日兩人、假日多人聚會的空間。"

Before story

　　這是一對年輕夫婦的家，他們平常的興趣很特別，夫妻倆都是模型愛好者，喜歡在家一起做模型，放假日也喜歡找朋友到家裡玩，而且兩人有意不定期推出不同主題的模型展覽，因此希望新家能忠實地呈現他們的生活型態與需求，而非著墨於所謂的風格。

客廳

大門

餐廳

廚房

Before

救援大重點【客廳】
只一道展示櫃

救援王・
鄭家皓・直方設計
02-23570298

楓木展示櫃區隔空間，打造入口焦點

👍 格局第一步idea

"拆除客廳旁的房間後，展示櫃搭配環繞型的動線規劃，創造有如Gallery般的意象。"

After story

　　因著聚會與展示的需求，激發設計師對空間的靈感，取消原有客廳旁的一間臥室，以開放、環繞動線打造書房兼模型工作室與客廳連結，楓木展示櫃成了沙發背牆，讓屋主能舉辦模型展覽秀，更變成入口的視覺焦點，而且環繞、自由的動線也讓聚會、行走都方便。

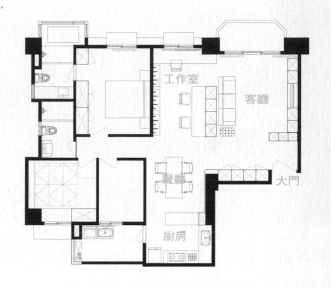

工作室　客廳　大門　餐廳　廚房

After

・坪數：35坪　・室內格局：三房兩廳、書房兼模型工作室
・居住成員：夫妻

只要把自然光納進客廳，坐在沙發就會不自覺地微笑好久。

拯救【不良客廳】格局

case23

看屋第一眼OS

"當初是因為四房才買，卻沒想到每房都好小。"

"靠近廚房的書房更狹小，根本無法使用。"

Before story

雖然新家格局很方正，但對於一家三口而言，四房兩廳似乎有點多餘。而且喜歡英式古典風格的屋主，希望新居能重現維多利亞時期的唯美品味，夫妻倆也期待能在壁爐前度過愉快的閱讀時光，因此更改小四房格局變成兩臥房及壁爐書房就是設計的首要工作。

書房
餐廳 廚房
客廳
大門

Before

救援大重點【書房】
只要拆除一面隔間

救援王・
丁善春
米樂意象室內裝修
工程有限公司
03-2727689

拆除書房隔間，併入公共空間

 格局第一步idea

"將廚房旁的小書房隔間拆除，納入鄰側臥房1/2的空間，打造半開放式的書房兼起居室。"

After story

　　設計師拆除書房隔間，連同一旁的開放空間打通設計成起居室兼書房，並將屋主希望擁有的壁爐裝設於此。由於是打通兩間房間的關係，空間的中央有根大樑，設計師利用方正的造型天花來收尾，消除樑柱的突兀感。並考慮到現代居家與台灣的氣候，設計師選用電子式壁爐，搭配雕工精美的歐風石材壁爐框，將壁爐作為書房主牆的焦點。

書房

廚房

餐廳

客廳

大門

After

・坪數：43坪　・室內格局：兩房兩廳、書房兼起居室
・居住成員：夫妻、1子

只要把自然光納進客廳，坐在沙發就會不自覺地微笑好久。

拯救【不良客廳】格局

case24

⊖ 看屋第一眼OS

"公共空間完全沒有隔間很寬敞，但沒有分區也不好用吧！"

"客廳、餐廳、書房和佛桌都能全部放在一起嗎？"

Before story

　　雖然房子天生的條件很好，公共廳區毫無隔間，然而喜歡作木工、對家具有興趣的屋主，希望能有一個構思設計及閱讀的書房。加上因為宗教信仰的要求，公共空間也必須規劃安置佛桌的地方，公共廳區的格局上勢必得安排調整。

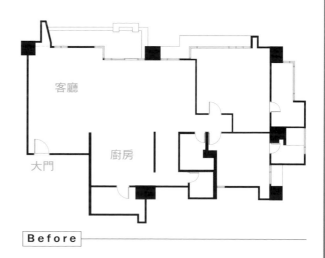

客廳

廚房

大門

Before

救援大重點【客廳】
只要短牆＋儲物櫃

HELP
救援王・
洪博東・非關設計
02-27500025

短牆與雙面儲物櫃，打造專用書房

格局第一步idea

"在餐廳後方，建造短實牆和雙面儲物櫃，並以榫接方式製作出可收折製圖桌，滿足男主人對書房的要求。"

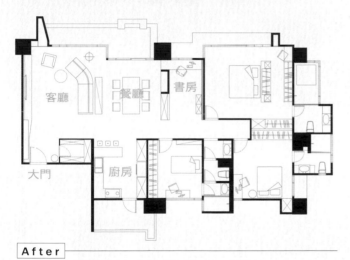

After

・坪數：65坪　・室內格局：三房兩廳、書房　・居住成員：夫妻、1子、1女

After story

　　設計師將公共空間依次安排為客廳、餐廳、神明桌與書房。在餐廳與書房中間規劃一道短實牆，以便擺放神明桌，旁側的儲物櫃選用特殊的藍色木皮，為不同空間、功能達到界定的作用。餐廳後方的開放書房，靠窗部分為閱讀區，並利用橡木實木以榫接方式製作出可收折製圖桌，滿足屋主對功能的要求。

只要把自然光納進客廳，坐在沙發就會不自覺地微笑好久。

拯救【不良客廳】格局

case25

看屋第一眼OS

"進入門後，左邊馬上是主臥房，動線相當不合理。"

"客廳被夾在廚房和廁所之間，好像住在暗房裡。"

Before story

　　兩房一廳的格局因為進門左側就是主臥室，在隔間牆面的阻擋之下，走道變得很狹窄陰暗。夾在廁所和廚房中的客廳沒有光線，無法擁有舒適的觀賞距離。偏偏一字型廚房旁的空間也不足以擺放餐桌椅，導致空間的浪費，另一間臥室也受限坪數無法獲得完善機能。

臥房　廚房

主臥房　客廳

大門

Before

救援大重點【客廳】

只要斜切廚房入口

重新界定客廳位置，取消隔間牆改為玻璃拉門。

HELP　救援王・
胡來順・瓦悅設計
02-25376090

格局第一步idea

"將客廳移至原來的主臥室位置，取消隔間牆改為玻璃拉門，達到放大明亮效果。"

After story

設計帥將格局重新乾坤大挪移，入口左側主臥室改為客廳並取消隔間牆，而位於陽台旁的另一間臥房則改為和室，利用玻璃材質拉門，為客廳引進自然採光，同時也因為視角的延伸與穿透，空間獲得放大的效果。原來的廚房則變成主臥室；而移往原客廳處的廚房，特別以斜切手法打造，避開直角動線所產生的壓迫性，帶出開闊的視野。

After

・坪數：12坪　・室內格局：一房一廳、和室　・居住成員：1人

只要把自然光納進客廳，坐在沙發就會不自覺地微笑好久。

拯救【不良客廳】格局

case26

看屋第一眼OS

"客廳後面就是主臥室，廚房躲在角落，好小好擠。"

"公共空間好小，來兩個朋友就會坐不下了。"

Before story

常見舊公寓的格局：推開大門會先經過陽台，三房兩廳的室內空間，廚房被邊緣化獨立在一角，三間臥室加上公共衛浴的出入動線全都擠在一起。考量到屋主夫婦好客的個性，新居必須同時滿足不同生活階段的機能、空間感。

主臥房

客廳

陽台

廚房

餐廳

大門

Before

救援大重點【客廳】
只要增加架高和室

救援王・
無有建築設計團隊
無有建築設計
02-27566156

架高和室搭配推門設計，變身多功能場域

格局第一步idea

"撤除主臥室改為架高和室與客廳聯合，靈活的推門設計，讓廳區變得極為寬敞明亮。"

After story

　　設計師撤除主臥室改為架高和室，與廳區連結，透過拉門的開闔，以及訂製沙發的自由組合之下，和室既能開PARTY，隱藏在櫃子的掀床也能變成小孩房，甚至角落也多了舒適的臥榻休憩，讓公共廳區整體變得極為寬敞，容納20人也沒問題。

After

・坪數：30坪 ・室內格局：兩房兩廳、和室 ・居住成員：夫妻

只要把自然光納進客廳，坐在沙發就會不自覺地微笑好久。

拯救【不良客廳】格局

case27

看屋第一眼OS

"客廳的景觀被緊鄰的臥室隔間一分為二，好可惜！"

"臥房改成書房之後，要如何和客廳整合在一起？"

Before story

原始三房兩廳的格局正好符合屋主需求，書房、長輩房、主臥室，屋子三面採光條件也很好。可惜的是：雖然客廳的弧形窗很漂亮，卻被書房的隔間牆一分為二，浪費窗景和自然採光，而客廳也變得窄小的。

廚房

餐廳

客廳

大門

臥房

Before

救援大重點【客廳】
只需移除一道牆面

救援王・
宋明翰
邑法室內設計・
裝置藝術
02-23450558

開放式書房與客廳相連，機能重疊又寬敞

👍 格局第一步idea

"捨棄客廳旁的房間，改為開放書房與客廳串連，釋放出完整的圓弧窗面，也為室內引進舒適的日光綠意。"

After story

為了突顯客廳弧形窗景的完整綠蔭與光線，設計師將緊鄰客廳的房間牆面予以拆除，窗景成為沙發背牆，電視牆則以旋轉柱呈現，並運用機能重疊概念，讓書房以開放型式與客廳相連，兼顧屋主提出的實用需求，更創造出寬闊明亮的空間感。

After

・坪數：27坪 ・室內格局：兩房兩廳、書房 ・居住成員：夫妻

只要把自然光納進客廳，坐在沙發就會不自覺地微笑好久。

拯救【不良客廳】格局

case28

看屋第一眼OS

"客人用的浴室門口正對著沙發啊！感覺好尷尬。"

"餐廳和廚房要怎麼結合，動線才順暢呢？"

Before story

房子採光很不錯，原先建商亦將空間規劃從玄關進入客廳，其立意雖然不錯，可惜玄關旁就是客用衛浴，而它的門正巧就對著客廳沙發，不完整的客廳格局，讓人觀感不舒服、影響待客，屋主辛苦經歷了兩次客變過程，仍無法解決這樣的困境。

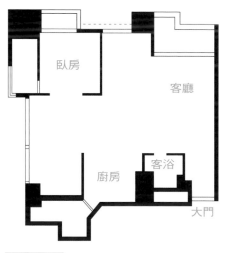

臥房

客廳

廚房　客浴

大門

Before

救援大重點【客廳】
只要門轉向

救援王・
許宏彰・德力設計
02-23626200

客浴門轉向，換個角度困境變佳境

 格局第一步idea

"改變客浴門的方向，運用透光性佳的素材，既包覆廁所，也解決了原本採光不佳的問題。"

After story

　　客浴門口正對客廳怎麼辦？轉個身就是改變的答案。在設計師大膽改變客浴門道方向的突破下，空間頓時豁然開朗，改變方位借光、運用透光性佳的素材，既包覆廁所，也解決了採光不佳的問題。設計師更利用既有的牆面規劃出鞋櫃與收納櫃，營造出一整面的視覺主牆，讓人們忘記裡面其實是客用衛浴。

After

・坪數：34坪　・室內格局：三房兩廳　・居住成員：夫妻

只要把自然光納進客廳，坐在沙發就會不自覺地微笑好久。

拯救【不良客廳】格局

case29

⊖ 看屋第一眼OS

"進門後是一道又一道的牆，中央的餐廳幾乎沒有光。"

"客廳有窗戶卻很小，真是浪費大好光線和綠意了。"

Before story

　　三面採光又有前後綠樹環繞的中古屋，卻因為層層牆面的阻擋浪費這大好條件。進門後，不是很寬敞的客廳和緊鄰的主臥室，讓綠意和採光頓時減半，更不用說主臥室前還有個遮光的陽台。加上躲在餐廳後面的小廚房及臥室，好採光、空間感就這麼讓一道道牆遮擋住，十分可惜。

Before

救援大重點【客廳】
只要將主臥房變成彈性客房

救援王‧
利培安 利培正
力口建築
02-27059983

摺門、拉門讓空間變得彈性，拉近彼此距離

 格局第一步idea

"取消主臥室，運用瓦楞板摺門、拉門規劃彈性客房，打開與客廳連結，拉近與戶外光景的距離。"

After story

設計師重新思考家庭單元的公共與私密間的彈性容量，平日雖僅有夫妻倆人，但日後會有小朋友加入，而每週更經常舉辦聚會活動，因此空間必須要能因著生活不同時段發生的事件，可以被彈性運用的。針對客廳，設計師拆除主臥室改為以拉門、摺門構成的客臥房，打開時與客廳串連延展，聚會時成了孩子們開心跑跳玩耍的地方。

客房

餐廳

客廳

廚房

大門

After

‧坪數：28坪 ‧室內格局：三房兩廳 ‧居住成員：夫妻

只要把自然光納進客廳，坐在沙發就會不自覺地微笑好久。

拯救【不良客廳】格局

case30

看屋第一眼OS

"四房兩廳把家隔的好小，主臥房也不能兼書桌使用。"

"每週的家庭聚會，人一多客廳就好擠，根本容納不下。"

Before story

　　35坪的電梯大樓，原本建商配置的是四房兩廳，雖已足夠一家三口使用。但由於屋主是虔誠的基督徒，每個禮拜五是教友們小組聚會的時間，家裡的公共空間必須要能容納10餘人，該如何規劃出足以大家聚會的空間，真是個傷腦筋的問題。

主臥房

客廳

大門

Before

救援大重點【客廳】
只要斜面書牆

救援王‧
任萃
十分之一設計
02-87328383

斜面書牆定位書房，延展空間視覺

👍 格局第一步idea

"一櫃兩用的斜面書牆，不僅區隔書房與主臥室，更延展出空間的深邃感。"

After story

設計師將原本的四房改為二房，公共空間以開放隱性區隔規劃，沙發後方設置斜面書牆，帶出書房功能，並把客餐廳、開放廚房、圖書區作為最大區域的開放使用。斜面書牆對應至主臥室則轉變為衣櫃，相較於直線一眼即全部看清，斜面線條反而有如透視3D圖，具有延展的效果，讓空間看起來更深邃寬廣。

主臥房

餐廳

客廳

廚房

大門

After

‧坪數：35坪 ‧室內格局：兩房兩廳、書房 ‧居住成員：夫妻、1女

只要把自然光納進客廳，坐在沙發就會不自覺地微笑好久。

拯救【不良客廳】格局

case31

看屋第一眼OS

"家裡有四房剛剛好，但太多的牆面感覺不出有58坪。"

"狹長走道感覺很封閉，若是在家待久了，會沈悶又陰暗。"

Before story

職業是插畫家的女主人，對於畫面美感的要求不在話下；加上書房是重點工作空間，因此希望在保留實用機能之餘，還能維持和家人間的互動。然而原有四房一廳的格局，對於要求開放感的屋主而言，住家內因隔牆太多而感覺封閉，機能配置和採光也相對顯得不足。

Before

救援大重點【客廳】
只要玻璃書房

救援王‧
陳怡君‧應非設計
02-27005157

利用清玻璃書房，分享光源促進互動

👍 格局第一步idea

"客廳不使用電視牆，反而以全開放式玻璃書房，分享自然光暈並帶來家人好互動。"

After story

　　設計師捨棄較少使用的客廳電視牆，利用清玻璃打造書房的隔間，如此一來不僅能分享窗外的自然光暈，使客廳、書房、餐廳與廚房都能相互串連並回應互動，而且只要放下捲簾，依然能讓書房擁有隱私。再者，因著玻璃書房，走道區也一片光明。

主臥房　兒童房

書房　餐廳

客廳　大門

After

・坪數：58坪 ・室內格局：三房兩廳、書房
・居住成員：夫妻、1子

091

只要把自然光納進客廳，坐在沙發就會不自覺地微笑好久。

拯救【不良客廳】格局

case32

看屋第一眼OS

"雖然房間多是一種優點，但有兩房實在太小了。"

"走道這麼陰暗，對於孩子的成長實在不怎麼好呀！"

Before story

　　這是台灣公寓大廈經常出現的狀況，五房一廳的原始格局，公共廳區只有一處客廳兼餐廳，然而五間房間依序排列於走道兩側，部分房間甚至小到只能當儲藏室，走道光線也非常陰暗，而且並沒有任何實質上的用途，讓疼愛女兒的屋主夫婦對空間格局感到頭痛。

Before

救援大重點【客廳】
只要橢圓形膠囊隔間

HELP 救援王・
呂玉玫、阮靜玲
邑舍室內設計工程
有限公司
02-29257919

橢圓形膠囊隔間，
變出書房、舞蹈室兼客房

格局第一步idea

> **拆除三間臥室，運用迴字型動線重新安排書房、舞蹈室，換來可汲取前後採光的360度環繞奔跑房子。**

After story

設計師將走道前半段的三房隔間予以拆除，運用360度環繞動線設計，重新配置書房、舞蹈室兼客房，既有陰暗走道就此消失，整個房子的空氣對流變好，空間也因而更有延伸放大的效果，同時這360度動線也成為小女孩跑跳玩樂的大操場。

臥房　臥房
客房　書房
餐廳　客廳
廚房
大門

After

・坪數：40坪　・室內格局：兩房兩廳、書房、舞蹈室兼客房
・居住成員：夫妻、1女

只要把自然光納進客廳，坐在沙發就會不自覺地微笑好久。

拯救【不良客廳】格局

case33

⊖ 看屋第一眼OS

"窗外樹景很美，但客廳前陽台堆滿雜物和晒衣服，太煞風景了。"

"需要很多收納櫃，但感覺客廳已經沒有地方擺。"

Before story

二十多年的老房子不僅有漏水壁癌及管線老化等問題，加上前陽台轉作工作陽台後，不僅浪費街頭綠意盎然的景緻，連帶地也使得室內採光受阻、通風不佳。更因屋主夫婦的工作所需，以大量木作櫥櫃收藏眾多教具、書籍，讓空間產生窒礙感。

Before

救援大重點【客廳】
只要改為墊高和室

HELP 救援王·
宋宛璞·璞意設計
0918-902281

雜亂曬衣場，變身和風茶敘天地

 格局第一步idea

"將客廳陽台改為墊高木地板的和室區，帶來採光及綠蔭，朋友來時也可作為簡易睡臥區，並增加收納空間。"

After story

為了突顯綠樹成蔭的街景特色，設計師建議屋主將長久習慣用來曬衣的客廳前陽台收回，回復其採光及觀景的用途，並以大開窗配合日式墊高地板的作法來與客廳相合。綿延開放的廳區、明亮舒適的氛圍，讓全家人都愛賴在這兒談天，而和室不只是個休憩的好空間，更能收納屋主的大量物品。

和室

客廳

餐廳　廚房

大門

After

·坪數：38.5坪　·室內格局：三房兩廳、和室
·居住成員：夫妻、1子1女

095

只要把自然光納進客廳，坐在沙發就會不自覺地微笑好久。

拯救【不良客廳】格局

case34

 看屋第一眼OS

"公私分明的格局很好，但客廳和臥房的隔間牆也太長了！"

"太長的牆面等於無法劃分客餐廳的位置。"

Before story

31坪的新居，居住者僅僅為夫妻倆，平常喜歡喝點小酒、邀約三五好友開派對同樂。但是經過客變的家，雖然格局看起來公私分明，但兩大區塊卻被一整面隔間牆給區隔開來，毫無連結，更造成往來動線不順暢，生活有明顯的隔閡感。

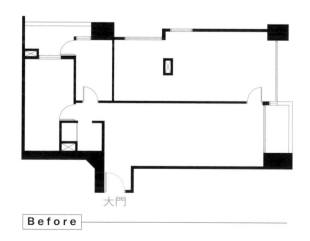

大門

Before

救援大重點【書房】
只要拉門＋折門

救援王・
沈志忠
建構線設計
02-27485666

短牆與雙面儲物櫃，打造專用書房

格局第一步idea

"將隔間牆以拉門、折門來區隔，創造出多變又自由穿梭的空間遊戲。"

大門

設計師以「轉折的邊界」為概念，雖然整體室內空間已分為兩長條形區塊，仍利用「牆＝門的翻轉和旋轉藝術」將主臥房大面隔間牆予以瓦解，大量使用拉門和折門來改變有限的空間，讓客廳vs.主臥房、餐廳vs.書房、甚至是主臥房vs.書房，讓空間形成自由又穿透的舞台。

After

・坪數：31坪 ・室內格局：兩房兩廳、書房 ・居住成員：夫妻

只要把自然光納進客廳，坐在沙發就會不自覺地微笑好久。

拯救【不良客廳】格局

case35

⊖ 看屋第一眼OS

"一進門就看到餐廳，容易讓人看到雜物而顯得亂。"

"窗外的河岸都被分割，客廳只有一點點風景，好可惜！"

Before story

　　雖然是新成屋，而且正面對河濱公園美景，但可惜的是：原來三房的格局，相鄰客廳的臥室讓空間產生視覺上的稜角，空間景深不夠開闊；加上一進大門就是公共廳區，缺少緩衝介質，讓動線顯得有些尷尬，可見日後會更為凌亂。

Before

救援大重點【客廳】
只要弧形玻璃書房

救援王．
李智翔
水相室內設計
02-27005007

弧形玻璃書房，劃設空間有形界線

 格局第一步idea

"以一道弧形牆面，切出公共空間與私人空間的界線，並藉由半開放式的弧形玻璃書房，將窗外河景一攬入室。"

After story

　　設計師將客廳旁的臥房改為半開放玻璃書房，延伸放大後的景深效果，讓人在客廳即可享有窗外河景，而弧形玻璃內加設窗簾，可作為臨時客房使用。而且弧形牆面更一併整理出公共空間與私人空間的有形界線，讓客、餐廳享有完整開闊的空間感，乾淨的牆體內分別隱藏着通往主臥室、廚房入口及電器櫃門片。

廚房

主臥房

書房

餐廳

客廳

大門

After

・坪數：30坪 ・室內格局：兩房兩廳、書房 ・居住成員：1人

進行老屋基礎工程至少42萬！

廚衛＋地坪＋油漆＋電
簡單公式教你快速估出翻修價格

你想翻新住家，預算到底要準備多少？
為什麼有人說1坪需要3萬元，又有人說需要6萬元？
到底住家更新要如何計算，我們以30坪三房兩廳左右的住家為例，
教你簡單估出所需要的預算。

地坪的計價方式 •以30坪住家為例，基本造價70000元起。

•計算方式
總室內面積30坪－廚房－兩間浴室＝大約剩下25坪
海島型地板2800元×25坪=總計70000元

•基本條件
1.超耐磨地板75000元起，每坪3000元起
2.拋光石英磚120000元起，每坪4800元起(含泥水施作)
3.海島型地板70000元起，每坪2800元起。(不含架高工程)

⑤ 試算一下，你需要多少錢翻修地坪！

地板材
(　元　 × 　坪　) = 　　總價

廚房的計價方式 •以2坪~3坪的廚房為例，基本造價每間150000元起。

•計算方式
磁磚4500元×6坪＋廚具80000元＋天花板6000元×6坪=總計150000元

•基本條件
1.不移動管線
2.壁磚＋地磚＋泥水，每坪4500~6000元，牆面加地坪至少6~9坪。
3.廚具216公分，至少8萬元，有烘碗機、抽油煙機、瓦斯爐、美耐板檯面、廚房龍頭。
4.天花板木作工程：每坪6000元。

⑤ 試算一下，你需要多少錢翻修廚房！

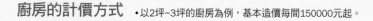

磁磚　　　　　　廚具　　　　　　天花板
(　元　 × 　坪　) + (　　元　　) + (　元　 × 　坪　) = 　　總價

浴室的計價方式
•以1.5~2坪的浴室為例，基本造價每間70000元起。

•計算方式
磁磚4500元×5坪＋防水5000元×5坪＋天花板5000元×1.5坪＋設備15000元=總計70000元

•基本條件
1.不移動管線
2.設備：浴缸或淋浴拉門擇一、馬桶、兩隻基本龍頭、面盆。
3.磁磚：國產磁磚每坪4500元~6000元，牆面加地坪至少4.5坪~5坪。
4.防水：高度至少100公分，每坪5000元，牆面加地坪至少4.5~5坪。
5.木作工程：塑膠天花板1.5坪，每坪5000元。

$ 試算一下，你需要多少錢翻修浴室！

磁磚	防水	天花板	設備	
(元 × 坪) +	(元 × 坪) +	(元 × 坪) +	(元) =	總價

油漆的計價方式
•以30坪住家為例，基本造價30000元起。

•計算方式
假設總室內面積30坪－廚房－兩間浴室＝大約剩下25坪
牆面的油漆總面積約為地坪的三倍
水泥漆400元×75坪=總計30000元

$ 試算一下，你你需要多少錢油漆！

水泥漆

(元 × 坪) = 總價

•基本條件
1.一般水泥漆
2.每坪400元，牆面為75坪(地坪25坪*3)，俗稱過漆，指不含需要批土的工程。
3批土修飾工程，每坪800~1000元

電線開關的計價方式
•以30坪住家為例，基本造價40000元起。

•計算方式
重新拉線35000元＋開關插座250元×20組
＝總共40000元

$ 試算一下，你需要多少錢換電線開關！

重新拉線費	開關	
(元) +	(元 × 組) =	總價

•基本條件
1.開關與插座每個250元
2.不含移動線路

所以你一開始要先準備多少錢呢？
以三房兩廳雙衛的基礎工程為例

兩間浴室14萬＋廚房15萬＋地坪6.5萬＋油漆3萬＋水電4萬＝ 42.5 萬元

廚房的收納足夠，雜物不蔓延到餐桌，餐廳和客廳就清爽了！

拯救【不良餐廚】

case36

看屋第一眼OS

"一字型廚房被夾在兩個房間中央，既封閉又狹小。"

"餐廳不在空間中心，反而被藏在角落裡，不好使用。"

Before story

屋齡20年的中古屋，空間配置原本為三房兩廳，每個空間看似方正，但對於希望以公共廳區為主要生活重心，且只有夫妻倆的單純生活型態來看卻隱藏問題，入口左側的大柱子隔出兩個空間，最內側本來規劃為餐廳，廚房又獨立於另一角落，客、餐廳和廚房形成各據一角的情況，無法達到舒適寬敞的互動。

客廳

廚房

大門

餐廳

Before

救援大重點【餐廚】
只要把廚房移出來

救援王‧
李植煒、廖心怡
裏心設計
02-23411722

開放廚房結合餐廳，隔間變身家電櫃

 格局第一步idea

"乾脆把狹長廚房解放出來，併到餐廳變成開放式，不但變得明亮寬敞，連家電設備都有自己的位置。"

After story

　　廚房以開放手法挪移至原餐廳處，餐廚動線更為緊密，與客廳的視覺延伸感、互動性也變得更好，光線理所當然地更為明亮許多。值得一提的是，相較傳統格局都是廚房連結後陽台的動線模式，裏心設計將原廚房空間釋出後，反倒能擴大客浴的空間感，加上後陽台選用三合一通風門，對於室內採光的提升也有幫助。

客廳

餐廳

廚房

大門

After

‧坪數：28坪　‧室內格局：兩房兩廳　‧居住成員：夫妻

廚房的收納足夠，雜物不蔓延到餐桌，餐廳和客廳就清爽了！

拯救【不良餐廚】

case37

 看屋第一眼OS

"廚房位置距離客餐廳也太遠了。"

"廚房後方連結狹窄的後陽台，易使空間更雜亂。"

Before story

屋齡約莫30年的舊式公寓，僅保留建築外牆，其餘全部重新整建。既有空間本身除了通風採光不良的問題之外，更有一套半衛浴無對外窗的狀況，以及廚房距離客餐廳過遠、公私領域界限曖昧不明、玄關和客廳比例不當…等等缺點，除了注重基礎工程之外，以上也是設計需要改進的前提所在。

餐廳

客廳

廚房

大門

Before

救援大重點【餐廚】
餐廚動線結合

HELP　救援王・
陳建泰、鄭珮怡
邑天設計
02-26570838

連貫餐廚區域，建立豐富機能

 格局第一步idea

"改造後廚房，除了重新配置位置與客餐廳串連外，也依屋主所需訂製L字型的廚具設計。"

書房

客廳

餐廳

廚房

大門

After
・坪數：37坪 ・室內格局：三房兩廳 ・居住成員：夫妻、2小孩

After story

　　客、餐廳打開原有格局界限，鑒於空間屋高不高，上方原始橫樑未刻意修飾，反而利用其做造型設計，搭配間接光源，營造舒適餐敘氛圍。餐、廚區域，藉由鐵件、玻璃為主的推拉門做介質，確保料理時油煙完全隔絕，同時兩區域間保持光線、視覺的通透，開闔之間，開闊與獨立，各有旨趣。

廚房的收納足夠，雜物不蔓延到餐桌，餐廳和客廳就清爽了！

拯救【不良餐廚】

case38

看屋第一眼OS

"臥房與浴室的門片，讓餐廳牆壁被分割的好凌亂。"

"廚房與餐廳狹窄的像走道，用餐很不舒服。"

Before story

　　開放式餐、廚區牆面稜角較多，使空間容易顯得狹小，加上又是臥室及客浴的必經之處，動線開口影響牆面的協調感。雖然有專屬對外採光窗，但是格局上卻顯得狹長，加上柱體與外牆干擾而使餐廚區產生稜角。

Before

救援大重點【餐廚】
整合動線開口

HELP　救援王・
俞佳宏
尚藝室內設計
02-25677757

鏡面材質，隱藏動線開口

 格局第一步idea

"藉著大面積灰鏡的反射，使餐廳狹長感瞬間不見，呈現出原來兩倍大的錯覺。"

After story

　　設計師利用突出的柱子為準，拉平空間線條規畫出餐廳的展示櫃，並在櫃內以特殊鏽鐵板做襯底，突顯鏽鐵的紋理與質感。而其中餐廳看似完整的灰鏡牆，其實暗藏了浴室與臥房的出入門片，此設計除了可維持牆面完整度，也使餐廳鏡射的效果更完美。

After

・坪數：29坪 ・室內格局：三房兩廳 ・居住成員：夫妻、長輩

廚房的收納足夠，雜物不蔓延到餐桌，餐廳和客廳就清爽了！

拯救【不良餐廚】

case39

⊖ 看屋第一眼OS

"廚房佔據了屋內最佳採光位置，使得屋內採光不足。"

"沒有規劃餐廳的位置，空間感覺都浪費給走道了。"

Before story

　　屋主為了成家，選定這間15年屋齡的中古屋進行改裝。屋主提出的想法有：不喜歡廚房的位置佔據屋內最佳採光空間，而且沒有餐廳，並對一進門洗手台在臥房走道外，從衛浴進臥房的感覺很差；且貓咪休憩動線要跟人分開，但又要保有後陽台可以讓愛貓曬太陽等等，於是設計師提出10多種空間變化的可行性，與屋主進行溝通。

客廳

廚房

浴室

大門

臥房

Before

救援大重點【餐廚】
移出廚房與餐廳結合

HELP

救援王·
宇肯空間設計團隊
宇肯空間設計
02-27061589

融合廳區機能，衍生舒適生活

 格局第一步idea

"將廚房移開，並與公共廳區結合成一區域，原本廚房改為擁有半開放式格柵隔間的書房。"

After story

　　將廚房移至客廳角落處，規劃成開放式，並採大中島式設計與餐桌串連，滿足屋主的需求。餐廳端景的大面落地明鏡牆內是輔助主臥的收納衣櫃及大型儲藏空間，而鏡面設計有放大及延展空間的視覺效果。而沿著餐廳窗檯下方則設計矮櫃，做為強大的餐具收納。

After

· 坪數：26坪 · 室內格局：兩房兩廳
· 居住成員：夫妻

109

廚房的收納足夠,雜物不蔓延到餐桌,餐廳和客廳就清爽了!

拯救【不良餐廚】

case40

看屋第一眼OS

"傳統公寓必須通過陽台,導致室內總是暗暗的。"

"餐廳動線不良,覺得好封閉,讓我跟家人之間互動變少。"

Before story

傳統老公寓最大的問題來自格局,首先封閉式廚房,廚具檯面很短難以使用,也沒有充裕的櫥櫃;餐廳被壓縮在內側角落,光線較差。封閉式的隔局規劃,也阻礙人與人之間的互動性,加上採光、通風,十分不順暢,使得餐、廚動線不佳,光線進入不易。

Before

救援大重點【餐廚】
加入餐廚明亮色彩

HELP 救援王・
鄭家皓・直方設計
02-23570298

亮麗開放廚房，促成輕快生活樂章

 格局第一步idea

"將傳統封閉風格的廚房予以開放，視線全然不受阻擋，呈現寬闊舒適的空間感受。"

After story

重新開放格局後，餐廳位於起居空間的軸心，彼此的互動更好，大餐桌亦是媽媽臨時工作桌、孩子寫功課的事務角落。將餐廳稍微往客廳方向挪移，廚房隔間敞開，得以規劃出兩倍大的一字型廚具，同時一併安排電器、冰箱等需要的完整收納機能，在木頭、金屬材質的搭配下，輔以濃郁色彩的轉換，悠閒時而充滿活力。

客廳　餐廳　廚房　大門

After

・坪數：33坪　・室內格局：三房兩廳　・居住成員：夫妻、1子

111

廚房的收納足夠，雜物不蔓延到餐桌，餐廳和客廳就清爽了！

拯救【不良餐廚】

case41

看屋第一眼OS

"T字型走道使得空間變得零碎，光線也不易穿透。"

"餐廳與廚房的開闊感不足，住起來不舒服。"

Before story

屋齡17年的中古屋，雖然前任屋主原本就將雙併的二間房子打通規劃，但是空間大部份被規劃做為房間使用，使空間無法展現特色與寬敞，同時因為餐廚卡在兩戶之中，使得區域的動線過小，採光與開闊感均稍嫌不足。

廚房

客廳

大門

Before

救援大重點【餐廚】
客、餐廳的開放式設計

開放式格局營造親暱生活互動

 格局第一步idea

"將客、餐廳與書房等空間化為同一場域，讓全家人可以在這分享彼此的生活。"

After story

設計師將客、餐廚及書房作全開放設計，除了有其格局考量外，同時也兼顧了可隨時看顧孩子的需求。在面對餐廚空間旁，更有大黑板畫布及懸掛吊椅設計，讓在家工作的屋主能與子女有更多的互動，生活更親密。

After
‧坪數：39坪 ‧室內格局：兩房兩廳、書房 ‧居住成員：夫妻、1子1女

113

廚房的收納足夠，雜物不蔓延到餐桌，餐廳和客廳就清爽了！

拯救【不良餐廚】

case42

🚫 看屋第一眼OS

"此戶房子的隔間隔的歪歪扭扭的，很不順暢。"

"希望將演奏區、餐廳、廚房串連，給生活開闊感受。"

Before story

　　當購買這戶位在台中市七期的70坪豪宅來犒賞自己與家人之時，屋主便想要把大理石與水晶這兩個元素融入空間裡。由於廚房及餐廳的比例分配不良，使整體空間出現過多虛坪、不方正，使用不易，畸零空間過多，需要重新整合，並消弭虛坪與畸零空間。

餐廳　廚房

客廳

大門

Before

救援大重點【餐廚】
重新分配格局

救援王・
蘇育賢
圓象室內設計事務所
04-24752377

消弭虛坪，放大空間層次感受

 格局第一步idea

"整合餐廳、廚房區域，透過開放式的規劃，延伸大器的空間感受。"

After story

設計師首先進行大尺度的空間連貫，利用客廳、演奏區、餐廳等顯著區域設計為空間帶來精緻而開闊的人文氣息，帶來豐富的層次及活潑的視覺感受。並將廚房內縮改為有拉門的半開放式設計，拉齊餐廳空間，使空間界定完整。

After

・坪數：70坪 ・室內格局：兩房兩廳、和室、琴房 ・居住成員：夫妻、1小孩

廚房的收納足夠，雜物不蔓延到餐桌，餐廳和客廳就清爽了！

拯救【不良餐廚】

case43

 看屋第一眼OS

"廚房與客廳相對且毫無區隔，客人來訪超級尷尬！"

"還有廚房又窄又小，離餐廳也好遠。"

Before story

由於屋主很喜歡古典風格，因此當買下房子在毛胚屋階段，便邀請設計師先進場協助規劃，首先一進門，隨即遇到的問題是：一字型廚房位於玄關左側，空間狹小而侷促，不僅與客廳毫無區隔的直接相對，以至於造成尷尬動線，且距離餐廳過遠。

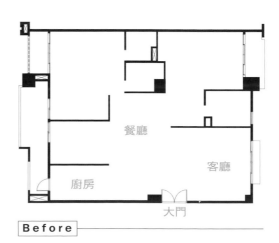

餐廳
客廳
廚房
大門

Before

救援大重點【餐廚】
設置L型吧檯

救援王・
葉明原、陳世城
義德空間設計
04-22991188

吧檯遮蔽尷尬視線，滿足收納機能

 格局第一步idea

"L型吧檯免去直視廚房及視覺動線尷尬，白色雕花櫥櫃內含強大電器及收納需求。"

After story

為避免進出廚房即面對客廳的動線尷尬，因此規劃L型置物吧檯，牆面則設計櫃體滿足餐廳所需的林林總總餐具及電器收納。而餐廳在璀璨水晶吊燈的光芒下，傢飾軟件成為古典宮廷的主角，如餐椅、圓桌等等，將古典華麗的意象推演到極致。

After

・坪數：85坪 ・室內格局：三房兩廳、書房 ・居住成員：夫妻、2女

117

廚房的收納足夠，雜物不蔓延到餐桌，餐廳和客廳就清爽了！

拯救【不良餐廚】

case44

⊖ 看屋第一眼OS

"開放式廚房很大，卻沒有規劃收藏紅酒的酒架"

"餐廳最好也能做為我和朋友的品酒區。"

Before story

在27坪房子實在是不大的空間裡，本身為紅酒迷的男主人不僅酒藏不少，以往回國時也愛與朋友在酒吧敘舊，因此特別希望能在家中設品酒室，由於坪數有限，即使原本客廳、餐廳、廚房已採開放式設計，也無規劃品酒方面的機能性。

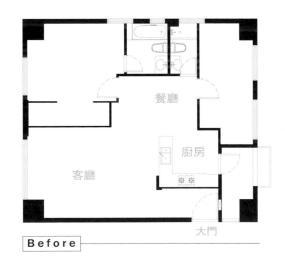

餐廳

廚房

客廳

大門

Before

救援大重點【餐廚】
只要加長隔間

救援王·
美麗殿設計團隊
美麗殿設計
02-27220803

令餐廚空間產生奢華意象

格局第一步idea

"加長餐廚隔間，打造出品酒包廂感，搭配訂製LED酒架，呈現時尚氛圍。"

After story

在廚房與餐廳間加長隔間，廚房面可增加壁面擺冰箱，而餐廳處因牆面遮擋更有隱私感，還可量身訂製鐵件紅酒架，打造出餐廳即是品酒區的功能。為了滿足男主人希望的包廂感，特別以半面鏡牆以及鐵件訂製的霧黑色LED酒架，營造出半遮掩的微醺空間。

After

· 坪數：27坪 · 室內格局：兩房兩廳 · 居住成員：夫妻

廚房的收納足夠，雜物不蔓延到餐桌，餐廳和客廳就清爽了！

拯救【不良餐廚】

case45

⊖ 看屋第一眼OS

"廚房位居邊角且過於狹窄的空間，導致冰箱只能放置於走道。"

"廚房還正對著浴室，讓做菜心情大受影響。"

Before story

　　這間15坪的中古屋面臨格局上的不完美，甚至因此喪失建築物本身採光佳、開闊視野的優點，由於格局設計不良，客廳沒有明確的電視主牆，躲在邊角的廚房又非常狹隘，所以冰箱只好勉強塞在走道上，更尷尬的是，浴室還對著廚房，採光不佳也沒有乾濕分離。

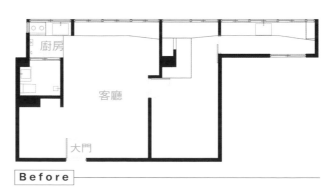

Before

 救援大重點【餐廚】
多重機能的設定

 救援王・
郭柏伸・奇逸設計
02-27528522

窗檯變臥榻、餐櫃與廚房

 格局第一步idea

"廚房以開放型態串聯客、餐廳,並運用女兒牆下切手法規劃出L型小廚具。"

After story

設計師將廚房移至右側近主臥房,以開放型態串連客、餐廳,並運用女兒牆下切手法規劃出結合廚具、餐檯、臥榻,讓原有平檯不只是檯面也是餐椅,更產生實用機能。

After

・坪數:15坪 ・室內格局:兩房兩廳 ・居住成員:1人

廚房的收納足夠，雜物不蔓延到餐桌，餐廳和客廳就清爽了！

拯救【不良餐廚】

case46

 看屋第一眼OS

"我這麼愛下廚，但廚房卻躲在屋子最深處，非常狹小。"

"廚房也離餐廳好遠，端菜辛苦又危險。"

Before story

這是一個只有21坪的空間，卻規劃了兩房格局顯得擁擠，客廳雖有陽台，可惜反而讓室內變得很小、很窄，陽台也遮擋了窗外景致，喪失小公寓所處環境的優勢，加上原本躲在角落的封閉廚房又悶又熱，更讓愛下廚的男主人失望萬分。

Before

救援大重點【餐廚】
解放狹小廚房

HELP
救援王·
黃睦傑
匡澤空間設計
02-27518477

開放L型廚房，明亮又充滿話題

 格局第一步idea

"把廚房移出來改為開放L型檯面，可以一面做菜、一面和朋友聊天了。"

After story

　　原本躲在角落的封閉廚房，轉化為開放L型廚房，增加空間的開闊性，老件糖果箱作為餐具櫃配上空間的自然質樸更為吻合，餐具櫃也僅以一道框架為主體，刻意裸露出冰箱的面材，製造虛實穿透的趣味，讓收納不只是機能的實用，本身更是一件創作。

書房　客廳
廚房　餐廳
大門

After

·坪數：21坪 ·室內格局：一房兩廳 ·居住成員：1人

廚房的收納足夠，雜物不蔓延到餐桌，餐廳和客廳就清爽了！

拯救【不良餐廚】

case47

 看屋第一眼OS

"浴室阻擋光線進入廚房，做菜心情好陰暗。"

"廚房收納規劃不足，連冰箱都得放在水槽前。"

Before story

　　這間房子是約莫30年的老公寓，其實窗外景致很好，望出去是一片綠蔭，但是格局、動線卻不是很理想，30坪的空間配置了四房，其中二小房若規劃為臥室，更顯狹隘擁擠，另外，一進門竟然就是客浴，隔間牆面造成侷促、壓迫感，同時也讓後方廚房無法享有自然光。

廚房

浴室

大門

客廳

Before

救援大重點【餐廚】
移走擋光的浴室

救援王‧
尤噠唯
尤噠唯建築師事務所
02-27620125

廚房結合開放式吧檯，光線自由穿透

格局第一步idea

"客浴挪動後，廚房也開放了，不僅獲得明亮的光線，透過視覺的延伸也能享受戶外的綠意。"

After story

老公寓格局重新整頓，特別是將大門入口客浴挪至屋子最底端的一小房，加上開放廚房的安排，即可獲得具延伸通透的獨立玄關，毗鄰廚房的另一小房也採取穿透輕巧的玻璃摺門為隔間，陽光、視角自由來去公共廳區，整個屋子變得好明亮，也更為寬敞開闊。

After

‧坪數：30坪 ‧室內格局：兩房兩廳、書房
‧居住成員：夫妻、1子1女

125

廚房的收納足夠，雜物不蔓延到餐桌，餐廳和客廳就清爽了！

拯救【不良餐廚】

case48

⊖ 看屋第一眼OS

"廚房的空間太小，我擔心擺放電器設備的位置不足。"

"餐廳與廚房之間沒有區隔，我擔心廚房的雜物被看見。"

Before story

預想了家庭生活可能演變成三代同堂的局面，屋主買下這間備有四房的中古屋。在主要空間不做大幅變動，僅在小部份的微調處理下，尤其餐廳、廚房的空間有限，必須在不更動格局前提下，完成兼電器櫃使用的備餐櫃，同時維持與客廳良好的互動關係。

Before

救援大重點【餐廚】
獨立電器櫃設計

救援王‧
顧擇承
澤樣室內裝修設計
03-3660936

造型端景，隱藏家電收納機能

 格局第一步idea

"將廚房的電器櫃獨立設計出來，結合備餐櫃，再透過造型雕花牆面，美化餐廳意象。"

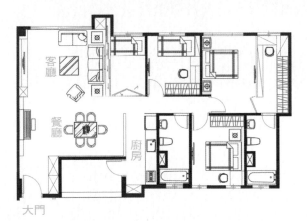

客廳

餐廳

廚房

大門

After

‧坪數：47坪 ‧室內格局：四房兩廳 ‧居住成員：夫妻、長輩

After story

　　將電器櫃功能從廚房獨立出來，利用餐廳柱子的內縮空間設計備餐櫃兼電器櫃使用，櫃門又能變成餐廳的立面端景，主牆兩側的雕花鏤空端景，右邊其實是櫃子門，整齊收放了微波爐、蒸鍋等，明鏡則有倒映景深的效果，對稱的剪影端景，回應餐廳天花的花影意象。

廚房的收納足夠，雜物不蔓延到餐桌，餐廳和客廳就清爽了！

拯救【不良餐廚】

case49

 看屋第一眼OS

"被四面牆包住的廚房，採光、動線都非常不佳。"

"餐廳上方則有大樑橫過，感覺很有壓力。"

Before story

　　由於整間屋子相當狹長，客、餐廳受限於先天格局，因而導致面積有限。一進門就看到客餐廳之間有根大橫樑，橫向走道的上方也交錯著許多管線，造成不小的壓迫感受。位於走道旁的廚房形成陰暗又狹長的空間，狹長格局因光線進入不易，加上封閉式的隔間，造成空間侷促陰暗。

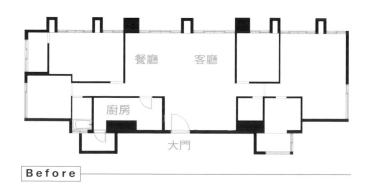

Before

救援大重點【餐廚】
移除隔間牆面

救援王・
周建志
春雨時尚空間設計
02-23926080

開放設計，採光、動線均佳

格局第一步idea

"廚房原為長型的封閉空間，敲掉一半的隔間牆放置冰箱和家電櫃，從此再也不陰暗！"

After story

狹長廚房從中分成兩區。前半部規劃為開放式吧檯，擺放電冰箱與各式廚房家電；內部的熱炒區與流理檯，則藉由夾紗玻璃拉門來阻絕油煙與視線，同時並讓來自餐廳外窗的陽光進入廚房，夾紗玻璃拉門則可阻絕爐灶的油煙並引入來自餐廳的光線。

After

· 坪數：50坪 · 室內格局：三房兩廳 · 居住成員：夫妻、2子

廚房的收納足夠，雜物不蔓延到餐桌，餐廳和客廳就清爽了！

拯救【不良餐廚】

case50

 看屋第一眼OS

"封閉式廚房顯得侷促又陰暗，離餐桌有段距離。"

"餐廳也太小了，根本無法招待太多朋友來玩。"

Before story

這棟中古屋除需汰換硬體與管線，還得改善格局及窗景。首先，封閉的隔間規劃非但顯不出空間層次，且導致室內陰暗、廚房顯得封閉又擁擠。前後陽台皆小，尤其是前陽台曾被外推，室內外過渡空間的距離被壓縮了，導致違建景觀直驅而入。

客廳　餐廳

大門　廚房

Before

救援大重點【餐廚】
捨一房做餐廳

救援王．
陳錦樹
富億設計
02-27099338

引光納景，放大空間感受

 格局第一步idea

"將緊鄰廚房的臥房改成餐廳，開放式空間擁有來自後陽台的採光，更多了儲藏室。"

After story

　　公共區域是個大型空間。變寬敞的廚房與餐廳是女主人的天地；她可在此烹飪、喝下午茶、招待親友。廚房與餐廳之間的白色吧檯不僅可收納物品，還能適時遮掩調味罐與小型廚房家電，讓畫面倍感清爽；餐廳旁的書房位於屋子最深處，以加寬的透明玻璃門來驅除封閉感，同時兼收隔音之效。

餐廳

客廳

廚房

大門

After

・坪數：40坪　・室內格局：兩房兩廳、書房　・居住成員：夫妻

廚房的收納足夠，雜物不蔓延到餐桌，餐廳和客廳就清爽了！

拯救【不良餐廚】

case51

看屋第一眼OS

"我擔心中島廚房太開放了，家裡會有油煙味。"

"雖然是開放式廚房，但收納機能還是不太夠。"

Before story

　　此戶住宅從建商配置的平面格局來看，最大的問題是，客廳旁的書房空間封閉狹隘，開放中島廚房又會有油煙問題，同時因為收納機能的規劃不足，容易使得餐、廚空間產生凌亂的狀況。

Before

救援大重點【餐廚】
取消中島區域的規劃

救援王‧
吳奉文、戴綺芬
寬月空間創意
02-85023539

黑玻璃折疊門，隔絕油煙問題

格局第一步idea

"客變階段即取消書房隔間、退掉中島廚區，廚房、餐廳之間以鐵件夾黑玻璃的摺疊門取代。"

After story

取消原始的小中島廚區，在L型廚房的短邊另延伸一道長型檯面，可作無油煙烹飪以及簡便吧檯機能，餐廳、廚房同時運用黑玻璃推門為隔間，彈性的區隔空間機能與屬性，同時運用帶有神祕朦朧的黑玻璃視感，也能淡化廚房背景的凌亂，並減少油煙四溢的問題。

After

‧坪數：42坪　‧室內格局：三房兩廳、書房　‧居住成員：夫妻、2女

133

廚房的收納足夠，雜物不蔓延到餐桌，餐廳和客廳就清爽了！

拯救【不良餐廚】

case52

看屋第一眼OS

"大門開在客餐廳中間，餐廳區域被壓縮的好小。"

"封閉式的廚房與餐廳之間缺乏流暢動線和採光。"

Before story

　　35年公寓從未改裝的傳統隔間，雖擁有三面臨窗的建築條件，但每個面向僅有一組對外窗的採光寬幅。基地後方成梯狀的平面組合，加上舊有隔間切割格局，造成採光無法相互挹注、每處空間封閉而無開闊效果，舊有空間格局無餐廳位置，廚房藏身在牆面後方，採光及互動性不佳。

客廳

餐廳

廚房

大門

Before

救援大重點【餐廚】
一字型開放式廚房

HELP

救援王·
謝宗益·絕享設計工程
02-87730290

開放式一字型廚房，開闊餐廚空間

 格局第一步idea

"拆除舊廚房牆面，還給公
共場域開闊無阻的格局。"

After story

　　一字型開放式廚房，打破從前窩在
角落的料理方式，縮短烹飪和用餐者的
距離，也讓廚房檯面擁有前後兩側窗景
帶入的自然光及流動空氣，掃除過去層
層隔間圍起的窒礙感。如此一來，公用
場域任一區塊，皆平等且享有同樣舒適
的空間品質。

After

· 坪數：27坪 · 室內格局：兩房兩廳、書房 · 居住成員：夫妻、2子

廚房的收納足夠，雜物不蔓延到餐桌，餐廳和客廳就清爽了！

拯救【不良餐廚】

case53

 看屋第一眼OS

"回房間居然要先進廚房，動線好不合理。"

"廚房面積過長，對不常下廚的我而言也太浪費啦！"

Before story

緊鄰台北市信義商圈的好地點，加上視野可及101大樓、山巒綠意的好環境，讓屋主一眼就決定買下，然而約莫20坪的舊房子，原始格局過於封閉，規劃兩小房的設計造成予人昏暗、壓迫的感覺，同時也組絕了空氣與光線的流動，特別是對一個人居住的屋主來說更是非常不恰當。

客廳　臥房　臥房

廚房

大門

Before

救援大重點【餐廚】
弧形吧檯就搞定

HELP 救援王‧
邱民喜
大野室內設計
0932-159102

吧檯取代廚房，提高使用效益

 格局第一步idea

"廚房以吧檯取代，移動式檯面下隱藏電爐、水槽功能，平常即是單純吧檯，超好用的！"

After story

　　為提高小房子的使用效益，利用客廳一面牆的空間整合了書櫃、展示、貓屋，包括半腰的大理石電視牆後即是工作區，以及捨棄一字型廚具，打造弧形吧檯滿足女主人與好友小酌的需求，且吧檯檯面為伸縮式設計，推開後依舊具有電爐、水槽功能，讓女主人可料理輕食。

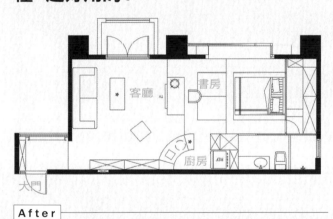

客廳　書房

廚房

大門

After

・坪數：20坪　・室內格局：一房一廳　・居住成員：1人

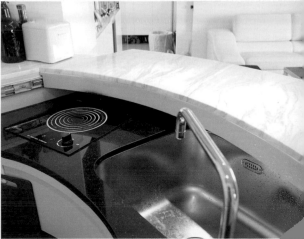

廚房的收納足夠，雜物不蔓延到餐桌，餐廳和客廳就清爽了！

拯救【不良餐廚】

case54

 看屋第一眼OS

"這間房子的view太棒了！但卻在臥室裡？"

"餐廚空間離客廳好遠，我希望做菜時也能和客人聊天。"

Before story

此間房子最珍貴的是外面的河岸景緻，希望能將其發揮到最大，但原主臥室位在正面淡水河位置，浴室位置剛好遮住出海口，若將景色與光線封閉在房間內太過可惜。尤其此戶設定為渡假空間，更希望將餐廚空間與客廳連貫一起，讓客人來訪時都能欣賞到風景。

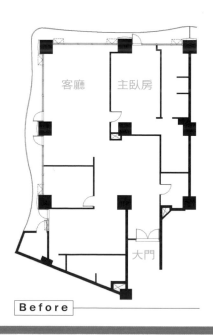

Before

救援大重點【餐廚】
把好景留給餐廳

HELP

救援王・
李智翔
水相室內設計
02-27005007

主臥房與餐廚換位，
餐廳與客廳共享河岸美景

 格局第一步idea

"將開放廚房移到原主臥室位置，使其與客廳串連成開放空間，讓人走到哪都能賞景。"

After story

　　若將景色與光線封閉在房間內太過可惜，考量後將餐廚移到面河位置，與客廳串連成開放空間，廣納淡水河景致，因為設定為渡假用途，不希望客廳有電視干擾，但偶爾還是會希望有看晨間新聞的功能，於是將電視與廚具結合，利用隱藏升降五金將電視藏進中島檯面下，需要時再升上，降低對空間的干擾。

After

・坪數：60坪　・室內格局：四房兩廳
・居住成員：夫妻、1女

139

廚房的收納足夠，雜物不蔓延到餐桌，餐廳和客廳就清爽了！

拯救【不良餐廚】

case55

 看屋第一眼OS

"從毛胚屋的廚房位置裡，我看不到收納與機能的規劃。"

"餐廳劃分也不明確，讓人想不到該在哪用餐才對。"

Before story

在這個32坪的空間裡，其實公共空間、房間並不算寬敞，且在毛胚屋狀態下的廚房空間，並無任何規劃，使得喜愛烹飪的男主人，對所注重的收納機能頗為失望。餐廳空間也不明確，受限於隔間牆的劃分，讓空間過於零碎且不完整。

廚房

客廳

天門

Before

救援大重點【餐廚】
雙邊廚房規劃

HELP
救援王‧
初日發
初日發設計
0921-997747

強化廚房、餐廳機能，收納大滿足

 格局第一步idea

"餐廳天花利用鐵件玻璃材質打造特殊燈具，除照明外，收納杯子、紅酒，將收納向上設計。"

廚房

餐廳

客廳

大門

| After |

‧坪數：32坪 ‧室內格局：三房兩廳 ‧居住成員：夫妻、2子

After story

　　雙邊廚房規劃，倚牆面具有齊全的家電收納櫃，特別搭配與公共空間一致的烤漆面板，色調更協調具質感。而餐廳區則進行向上收納，設計師打造特殊燈具，將杯子、紅酒通通向上放。

廚房的收納足夠，雜物不蔓延到餐桌，餐廳和客廳就清爽了！

拯救【不良餐廚】

case56

 看屋第一眼OS

"工作陽台很大，但居然在主臥房內！"

"廚房格局方正，但卻與餐廳各自獨立疏遠。"

Before story

這戶屋齡約15年的房子，屋主對於未改造前的格局有些困擾，主要是廚房離工作陽台很遠，洗個衣服還要穿過主臥房，而且雖然是開放式的廚房卻需要繞過餐桌才進的去，使用動線相當不便，所以格局修正的第一步就是令工作陽台與廚房的動線合理好用。

Before

142

救援大重點【餐廚】
工作陽台大移位

讓廚房與工作陽台連貫使用

 格局第一步idea

"廚房動線與工作陽台連結，實木吧檯結合餐桌的方式，創造更為穿透、開放的餐廚空間。"

After story

首先將客廳後方的半開放和室、廚房格局重新作調整，半開放和室部分挪為規劃工作陽台，廚房動線也改為與工作陽台連結，並運用實木吧檯結合餐桌的方式，創造更為穿透、開放的餐廚空間，實木吧檯內嵌電陶爐設備，作為輕食、享用火鍋、煮茶等多元運用，吧檯側面亦備有紅酒收納櫃。

After

・坪數：38坪 ・室內格局：兩房兩廳 ・居住成員：夫妻、2子

廚房的收納足夠，雜物不蔓延到餐桌，餐廳和客廳就清爽了！

拯救【不良餐廚】

case57

看屋第一眼OS

"餐廳位於屋子沒有採光的中段，吃飯總是要開燈"

"餐桌又卡在通往房間的動線上，很容易就撞到。"

Before story

擁有四房的35坪中古屋，面臨在格局配置上幾個需克服的難題，餐廳暗、客廳小、無玄關、收納機能不足，更重要的是，這是母子同住的家庭結構，未來還有新成員—媳婦的加入，如何讓兩代之間能保有私密卻又可相互聯繫的生活動線，成為規劃的主要方向。

Before

救援大重點【餐廚】
拆除廚房隔間牆

引入光線，提升寬敞感受

HELP　救援王‧
何俊毅‧廖亮宜
好適設計
02-25632033

 格局第一步idea

"打開廚房隔間牆，以開放餐吧檯連結開放廚房，環繞雙動線更加寬敞。"

After story

　　獨立的廚房予以拆除移出與餐廳結合，加上相鄰餐廳的客房改為半開放拉門型態，並稍微縮小使用坪效，使得前後採光得以交會流動，也大大提升公共廳區的寬敞度。最特別的是，餐廳、廚房以一道玻璃立面作連結，爐灶悄悄地隱身在玻璃牆後，刻意預留的玻璃角處，可擺放大型收藏品、聖誕樹等裝飾，搭配燈光形成別致的端景效果。

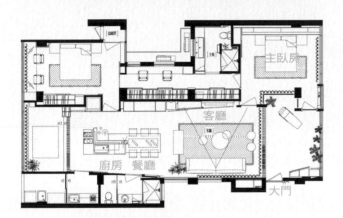

| After |

‧坪數：35坪　‧室內格局：兩房兩廳　‧居住成員：2人

145

廚房的收納足夠，雜物不蔓延到餐桌，餐廳和客廳就清爽了！

拯救【不良餐廚】

case58

看屋第一眼OS

"12坪的空間想擁有廚房和餐廳，會是幻想嗎？"

"一開門就看見廚房的問題要如何化解？"

Before story

有限的坪數裡，既要規劃客、餐廳，也要規劃廚房、書房、臥室，以及一套配置小便斗的浴室，同時洗衣、乾衣功能場所也須納入。約12坪的市中心小房子須維持基本機能，可供兩人生活使用，但空間看起來必需是開闊寬廣的。如何規劃空間感不會過度分割而變窄，又可型塑空間動線，是一大問題。

客廳　臥房

廚房　　浴室

大門

Before

救援大重點【餐廚】
廚房結合便餐檯

HELP
救援王‧
張成一
將作空間設計
02-25116976

廚房移至中間，變ㄇ字型寬敞烹飪區

 格局第一步idea

"設計師利用隔間櫃、吧檯的設置，為一字型廚房爭取到昇等為ㄇ字型廚房的機會。"

After story

　　廚房約佔整體空間1/5，雖然室內只有12坪，也不要虧待廚房，於是以ㄇ字型的概念規劃，同時回應屋主喜歡帶點鄉村氣息的風格美感，使餐檯立面便以直紋立板來修飾，帶出鄉居情調。女主人還特地選了小巧的提燈，垂掛在廚房的窗外，夜幕下的燈景更美，為精品華宅生活點燃美麗序曲。

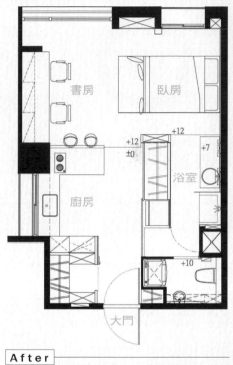

After
‧坪數：12坪　‧室內格局：一房一廳　‧居住成員：夫妻

147

廚房的收納足夠，雜物不蔓延到餐桌，餐廳和客廳就清爽了！

拯救【不良餐廚】

case59

看屋第一眼OS

"小廚房被趕到陰暗的房子深處，非常不合用。"

"餐廳離廚房也好遠，端菜要走來走去很累。"

Before story

買下這間老公寓房子的屋主是一位單身男子，原始格局房間很大、廚房小小的、採光也不夠，若對一個不下廚的男生來說或許能夠接受，然而對身為麵包師傅的屋主而言，廚房才是他的生活重心，周末還會邀約三五好友前來吃飯，因此空間勢必要重新做調整。

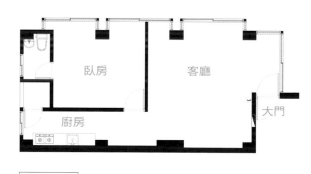

Before

救援大重點【餐廚】
中島結合餐桌

救援王‧
簡武棟、柳絮潔
齊舍設計事務所
02-25505887

廚房移位成為中心，多元機能更好使用

 格局第一步idea

"將廚房移出至客廳旁，創造互動關係之外，也讓19坪的空間感顯得開闊無比。"

After story

角落廚房改為開放中島廚房設計，成為空間重心，中島廚區身兼多項功能，內部是紅酒櫃、餐具收納，檯面又能做麵包以及當作餐桌使用。且設計師特別選用和木頭砧板味道接近的實木材質作為檯面，呈現自然、樸實的質感，臨窗面的廚具則規劃爐具炒區，角落遇柱體部分以開放式檯面和層板設計，作為使用頻率較高的小型器具擺放。

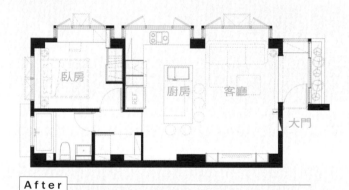

After

‧坪數：19坪 ‧室內格局：一房兩廳 ‧居住成員：1人

廚房的收納足夠，雜物不蔓延到餐桌，餐廳和客廳就清爽了！

拯救【不良餐廚】

case60

 看屋第一眼OS

"廚房太小，雜物一多很容易就好擠又亂。"

"廚房內設備、收納不夠，無法滿足我喜愛下廚的需求。"

Before story

屋主夫婦的家人留給他們這間屋齡超過40年的老公寓，僅次於管線、壁癌、漏水，老公寓最大的問題就是格局，一旦格局規劃不當，自然影響光線、通風，這戶老屋即是如此，約莫25坪的空間劃設出三房隔間，依附在廚房旁的小臥室使公共場域擁擠、侷促，夾在兩間臥室之間的衛浴也好狹隘。

Before

救援大重點【餐廚】
只要把收納作出來

救援王·
包涵宥
二水建築空間設計
02-23671521

滿足廚房收納與料理機能

👍 格局第一步idea

"**L型廚房以磨石子和木料打造而成，擴大後的動線也變得人性且順暢。**"

After story

重新整頓放大的廚房設計，呼應暖灰色系的中性空間調性，磨石子材質和木料打造而成的L型廚具，呼應空間調性，擴大後的動線也變得人性且順暢。結構柱兩旁的黑板漆壁面內也具備豐富的收納、電器櫃機能，與餐廳相鄰處甚至擁有多功能料理檯面。

After

· 坪數：25坪 · 室內格局：兩房兩廳 · 居住成員：夫妻

廚房的收納足夠，雜物不蔓延到餐桌，餐廳和客廳就清爽了！

拯救【不良餐廚】

case61

看屋第一眼OS

"一打開門即見廚房與浴室門，感覺真不舒服。"

"而且短短的一字型廚具規劃根本不夠用。"

Before story

28坪的空間切割出兩房兩廳，顯得密集擁擠，一打開門立刻就是廚房，雖然客廳、房間鄰著的一道長型陽台，但看出去為辦公大樓；而廚房旁所依著的露台幾乎沒有遮蔽物，視野遼闊深遠，要能呈現渡假住所的氛圍，格局動線勢必要經過大調整。

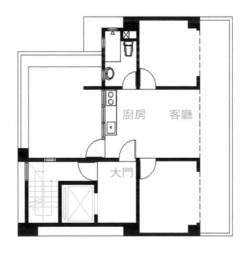

Before

廚房　客廳

大門

救援大重點【餐廚】
打造渡假氛圍

救援王・
邱民喜
大野室內設計
0932-159102

一字型吧檯貫穿室內外設計

 格局第一步idea

"一字型吧檯貫穿至戶外，藉由水平線條張力產生放大感，讓戶外露台多了休閒用餐區。"

After story

　　開放式廚房、吧檯也緊鄰客廳，大面落地窗景讓視覺望及花園、天空，利用穿透延伸效果讓空間變大，開放廚房的吧檯刻意延伸至露台，兼具戶外用餐、喝茶；客廳櫃牆後則是主臥衣櫃，雙面櫃的概念一方面也能為室內爭取更大活動空間。

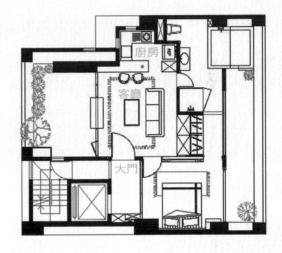

After

・坪數：28坪 ・室內格局：兩房兩廳 ・居住成員：夫妻、1子

廚房的收納足夠，雜物不蔓延到餐桌，餐廳和客廳就清爽了！

拯救【不良餐廚】

case62

 看屋第一眼OS

"廚房很大卻沒有窗戶採光，連帶餐廳也陰陰暗暗。"

"空間中過多的牆面，使得動線十分不順暢。"

Before story

三十多年的房子，格局因受限於先天條件，多處出現斜邊與畸零空間，尤其是廚房與餐廳為封閉式空間，由於出入動線曲折，過多的隔牆也阻擋了光線，使得採光不佳，產生陰暗、窄迫的空間感受，同時讓家人之間的生活互動也受到影響。

餐廳　客廳

廚房

大門

Before

救援大重點【餐廚】
通透拉門規劃

救援王・
周建志
春雨時尚空間設計
02-23926080

延伸與放大餐、廚空間感

 格局第一步idea

"將流理檯移至靠窗處，餐廳遷至廚房外側，開放式空間變得寬敞又明亮。"

After story

　　廚房及餐廳這個區塊，也由於格局調整，一改陰暗、窄迫的苦情形象，重新以清新、愉悅的面貌示人；同時，新的餐廳旁邊還多了傭人房與小儲物間。而開放式的客廳、餐廳與廚房，讓建築前後的採光得以順暢進入，室內空間因而變得明亮，也感覺寬敞許多。

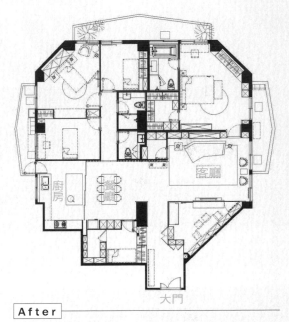

廚房 Q　餐廳　客廳

After

・坪數：68坪　・室內格局：五房兩廳　・居住成員：夫妻、3子、長輩

廚房的收納足夠，雜物不蔓延到餐桌，餐廳和客廳就清爽了！

拯救【不良餐廚】

case63

看屋第一眼OS

"我的廚房幾乎與臥室一樣大，感覺頗為浪費。"

"餐廳與廚房彼此沒有交集，使用起來好單調無趣。"

Before story

一間屋齡25年的老房子，卻沒有實際坪數68坪該有的寬敞舒適感，過多的牆面阻擋之下，讓公共空間感覺很狹隘，同時原始廚房的空間過大，宛若一間臥室；加上原始衛浴位於空間中央，讓餐廳的空間與動線變得侷促有限。而原始餐、廚空間機能、動線無法連貫，造成生活不便。

Before

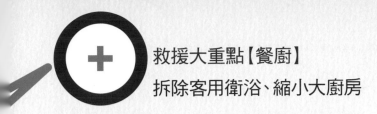

救援大重點【餐廚】
拆除客用衛浴、縮小大廚房

救援王‧
吳奉文、戴綺芬
寬月空間創意
02-85023539

L型吧檯加強餐廚機能

 格局第一步idea

"拆除原始廚房隔間以L型吧檯的規劃取而代之，加強與餐廳的機能與生活互動。"

After story

　　拆除客用浴室重新規劃為餐廳，與客廳、吧檯緊密連結，產生動線與使用機能連貫，同時將舊有方正又獨立的大廚房予以縮小，並處理為長型結構，透過架高L型吧檯連結半開放廚房設計，製造廚房、餐廳的通透感，不僅讓空間合理化，也賦予屋主更多元的生活型態。

餐廳

客廳

吧檯　　廚房

大門

After

‧坪數：68坪 ‧室內格局：三房兩廳 ‧居住成員：夫妻、1子1女

157

廚房的收納足夠，雜物不蔓延到餐桌，餐廳和客廳就清爽了！

拯救【不良餐廚】

case64

 看屋第一眼OS

"我想要書房又想要餐廳，但空間似乎不夠。"

"封閉式的廚房規劃，令人做菜時覺得好孤單。"

Before story

長期在國外生活的夫婦，早已習慣開放式廚房的烹飪，面對新居，最要緊的是希望格局能夠與之前居住環境相同。另外，與廚房相鄰的空間本來設定為餐廳，兒子也提出希望空間能有個書房，如何在簡單取得平衡，以及滿足全家需求的格局，是此戶的規劃重點。

廚房　餐廳　客廳　大門

Before

救援大重點【餐廚】

取消餐、廚隔間

救援王．
李中霖
雲邑室內設計
02-23649633

訂製餐桌變身閱讀、工作桌

 格局第一步idea

"**餐廳部分特別訂作不規則造型大餐桌，作為廚房備餐檯，更可依需求轉換為閱讀、上網使用。**"

After story

採取開放廚房型態與公共空間產生串聯，廚具吊櫃刻意未頂到天，往下降至貼近人體工學舒適的拿取高度，再者扁長形吊櫃配上黑烤漆玻璃背景，越能與空間想傳達的簡單風格相互呼應。設計師自原廚具檯面向右延伸半腰式櫥櫃，為喜愛品酒的屋主提供紅酒櫃機能，以及其他餐廚所需的收納空間。

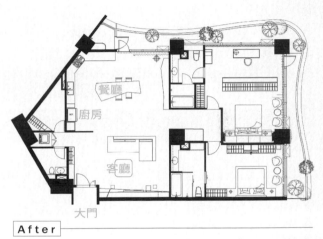

餐廳

廚房

客廳

大門

After

・坪數：55坪 ・室內格局：兩房兩廳 ・居住成員：夫妻、1子

159

廚房的收納足夠，雜物不蔓延到餐桌，餐廳和客廳就清爽了！

拯救【不良餐廚】

case65

⊖ 看屋第一眼OS

"偶爾才會使用餐桌，卻要讓它佔去一大部分空間。"

"需要多一些收納空間，但似乎沒有地方規劃儲藏室。"

Before story

建築原有開窗方式不理想，大大影響室內採光與觀景條件，使得餐、廚空間光線到達不易。設計師進場規劃前，現場一無所有的裸屋狀態，讓人不知所措，且礙於建築本身緊鄰山邊，幾乎所有建材、家具都難以抵擋潮溼侵蝕，建物原有醒目橫樑，預期將會通過客、餐廳上方，可能會影響空間整體感並造成視覺上的壓迫。

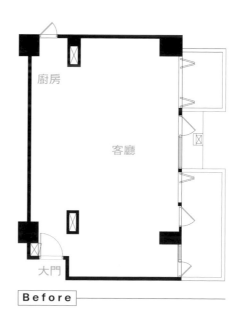

廚房

客廳

大門

Before

救援大重點【餐廚】
打造檜木活動餐櫥

HELP

救援王‧
劉國堯
自遊空間設計
02-25570055

仿製日式菜櫥的復古風情

 格局第一步idea

"檜木櫥櫃下方設計多功能活動家具，收納完全不佔空間，拉出後成為舒適的四人餐桌椅。"

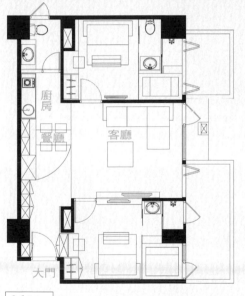

廚房

餐廳　客廳

大門

After

‧坪數：30坪 ‧室內格局：兩房兩廳 ‧居住成員：夫妻

After story

　　餐廳以重疊活動家具，取代傳統餐廳與餐桌椅，沿著小巧的一字型廚房，以檜木打造長列多功能收納區取代儲藏室，洋溢濃濃懷舊風情的格柵外觀，易於通風與收放物品，與早年流傳的菜櫥樣式相仿，特別是櫥櫃底部附設滾輪的內嵌式活動家具，依序拉開來可以變出L型餐檯和兩張長凳，長凳還能轉作端几或其他用途，受到主人喜愛。

花小錢改格局 省錢三步驟

把關拆除→泥作→木作階段
中古屋翻修CP值大提升

改格局絕對不是把全部的牆拆光光，只要動幾道牆，
就能改變空間的採光、氣流，人住進去的氣場變順，身體自然健康，
尤其在改造中古屋時，屋主的預算往往吃緊，更要把錢花在刀口上，
從拆除、泥作、木作三方面剖析，讓屋主省錢又省力。

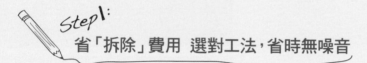

Step1:
省「拆除」費用 選對工法，省時無噪音

☑ 拆除前要注意的事

拆除前一定要請結構技師評估，避免拆到結構牆；由於拆除過程中會發出噪音，也務必要先拜訪鄰居告知，方便後續工程進行順利。以老屋翻新150萬的預算來說，約有60萬會花在拆除、泥作、隔間、汰換管線等看不見的基礎工程上。

☑ 老屋翻修拆除費 約佔總預算6%~10%

· 拆除一道240X120cm的牆約1000元
· 廢料運送費一台車約3500~4000元
· 拆除工資1人每小時2000元
· 以30坪中古屋計算，拆除全部隔間10~15萬元

拆除工程包括隔間、浴室、磁磚、地板、天花板、鋁窗等等，尤其中古屋多無電梯，搬運工資就是一筆大支出，所以最好一次拆除，請吊車直接搬運最快。

☑ 水刀磨切開窗優於直接敲打

舊屋改建常遇到重新開窗的問題，建議用水刀磨切工法切割牆壁開窗，直接切下一大塊壁面，較不會損傷結構與防水性，且施作迅速、沒有噪音，雖然比敲牆來得貴，卻可省下後續補牆、補磚、補防水的工錢，總和起來價錢差不多，卻可降低許多噪音。

☑ 廚房貼烤漆玻璃省拆磚費

想要省錢，廚房牆面就不用拆除舊磁磚，只要請木工做好吊櫃、廚櫃，中央爐火區、水槽區的牆壁直接貼上烤漆玻璃，就可省一筆拆除費。

☑ 不拆地磚直接鋪木地板

在需要鋪設木地板的房間，可在舊地磚上直接鋪設，可省下拆除地磚的費用。但若是要鋪設磁磚或是大理石，舊地磚就必須全部敲除，粗糙面才能咬合新的底材。

Step 2: 省「泥作」費用 開放格局換自由散步動線

☑ 減少隔間省砌牆、油漆費

規劃開放式的客廳、餐廚空間，或是以線簾、布簾或玻璃做為穿透性隔間，都可以省下砌牆、油漆費用，更能讓空間有放大、明亮的效果，讓採光、空氣一旦自由流動之後，住家的品質就會更著提升。

☑ 輕隔間取代磚牆

用輕隔間取代磚牆可省一半的預算，因為粗糙的磚牆需要批土、粉刷，平滑的矽酸鈣板則可免去批土過程，除非是有水的區域如廚房、浴室需要磚牆隔間之外，其他區域都可以用輕隔間夾吸音棉來隔音，或是將櫃子安排在輕隔間前，提高隔音效果。

☑ 浴室移位不超過100cm

浴室因為牽涉到管道間、防水牆的處理，若要移動會增加一筆不小的費用，如果真的要挪動浴室，建議不要超過100cm，因為移動的越遠，管線的洩水坡都就要越高，地板就要墊的越高，反而影響到整個空間的高度，未來也容易造成阻塞。

☑ 儲藏室比收納櫃省錢

利用集中收納的儲藏間取代分散收納的櫃子，可以省下木作櫃子的層板、貼皮、油漆等費用，只要以便宜的金屬層架擺放在儲藏室內即可分層管理，外部空間也會更簡單俐落，空間感更寬敞。

☑ 窗檯變水槽省空間

法規規定窗台外凸只能30cm，所以可以利用舊屋常見的外推窗設計成浴室或廚房的內部水槽，或是可以洗雜物的陽台外部水槽，增加機能利用。

Step 3: 省「木作」費用 把錢省下來買好一點的家具

☑ 彈性房間減少裝潢

許多屋主喜歡在家規劃一間客房或和室的彈性空間，建議此房間不要過度裝修，僅一個收納衣櫃和架高地板即可，不僅可以省下眼前的裝修預算，日後也可因應家庭成員階段性的需求，改為嬰兒房或其他用途使用。

☑ 烤漆玻璃、鏡子省預算效果好

烤漆玻璃與鏡子這類材料的單價並不高，卻兼具了穿透、反射的輕盈效果，像是書房或和室可採取玻璃的隔間，增加空間明亮度，營造出充滿現代感的風格。

☑ 壁紙取代木作

用貼壁紙的牆面來取代木作的造型牆面，可省下木作後續的貼皮、上漆等費用，尤其是臥房床頭牆面，以鮮明的壁紙圖騰裝飾，更能增添年輕活潑的感覺，可將省下的費用移到添購有質感的家具上。

☑ 間接照明、吊燈取代天花板燈槽

老屋通常會有高度不足的問題，若以木作將天花板封平內藏間接光源反而會造成壓迫感，建議以側邊的間接照明或是吊燈等設計來取代，也可以省下預算。

☑ 次要空間使用系統櫃

公共空間的客餐廳講究量身訂製的造型美感，櫃體採用木作設計才能突顯風格，但臥室區域等較隱密的櫃體，則可用現成的系統櫃省去現場貼皮、上漆的步驟，降低預算。

主臥房,總是貪心的想要越大越好啊!

拯救【不良主臥房】格局

case66

 看屋第一眼OS

"雖然有四房,但每一房都感覺不夠用。"

"我們想要有更衣室可以放很多衣服和行李箱。"

Before story

　　雖然擁有36坪的室內空間,卻因為銷售需求而被建商切割成四房的格局,使得每個空間顯得狹小,尤其是主臥房機能不足,並不適合年輕的屋主夫婦使用,加上他們喜愛出國旅遊,眾多的衣物與行李箱,都希望能夠有妥善收納的地方。

主臥房

臥房

臥房

臥房

餐廳

客廳

大門

Before

救援大重點【主臥房】
捨一房換兩房

救援王·
唐忠漢·近境制作
02-27031222

拆除一房變更衣室與書房

👍 格局第一步idea

"將主臥房隔壁房間拆除，一半給開放書房、一半當更衣室，收納滿足了，拿取也超方便！"

After

·坪數：36坪 ·室內格局：三房兩廳 ·居住成員：夫妻

After story

將主臥房及書房中間的小空間規劃為更衣室，且包含化妝檯的機能，並設計由主臥房及餐廳進出的兩個入口，尤其是靠餐廳出口方便屋主在出國旅行時，可以輕易將旅行箱拉到外面，省卻還要繞過主臥房的行徑動線，十分便利，主臥房少了衣櫃，單純提供睡寢機能，也因此變得更為清爽整齊。

主臥房，總是貪心的想要越大越好啊！

拯救【不良主臥房】格局

case67

看屋第一眼OS

"孩子都搬出去住了，終於可以重新改善住的空間。"

"我想要有乾濕分離，好好泡澡的寬敞的主臥浴室。"

Before story

過去一家四口住的空間，如今孩子都在外地唸書、工作，夫妻倆興起重新裝潢的念頭：與其讓房間空著，不如變成兩人居住的彈性好空間。同時也可以將原本狹小的主臥浴室好好改善，增加泡澡、乾濕分離功能，讓空間寬敞舒適。

Before

救援大重點【主臥房】
捨一房變超大主臥房

救援王·
廖文琪、吳怡賢
其可設計
02-27715066

主臥衛浴大變身，享受沐浴天光

👍 格局第一步idea

"拉齊不平格局，移動衛浴空間至靠窗景觀處，打造乾濕分離、又能悠閒泡澡的超大主臥空間。"

After story

　　原本四房兩廳的格局，經由大幅度的變動，改為三房兩廳、花園起居室的美式居家。設計師特別將主臥房規劃在享有兩面大窗的房間，並將原處的客用小衛浴拆除，於靠窗處設計了女主人所期盼的乾濕分離淋浴設計與泡澡天地，加上更衣室與主臥房，讓生活更加寬適。

After

· 坪數：74坪（含花園） · 室內格局：兩房兩廳 · 居住成員：夫妻

主臥房，總是貪心的想要越大越好啊！

拯救【不良主臥房】格局

case68

看屋第一眼OS

"頂樓加蓋的老房子又悶又熱，還隔出擁擠的三房。"

"希望能有涼爽的主臥房和充足的收納空間。"

Before story

　　30多年的頂樓加蓋老房子，只有18坪的空間卻隔出三個房間，可以想見有多麼擁擠，採光、空氣對流自然也不會太好，隨著屋主即將邁入人生另一個新階段，年輕夫妻倆希望重新翻修後能獲得寬敞明亮的舒適感及充足的收納空間。

Before

救援大重點【主臥房】

一間兩用

救援王・
鄭明輝
蟲點子創意設計
02-89352755

複合機能，完成多元空間

 格局第一步idea

"將書房的隔牆拆除，一半給開放書房、一半納入主臥房當作更衣室，以活動摺門取代一般隔間的空間，空間更通暢。"

After story

　　首先設計師利用屋頂的雙層結構、開放對流動線，創造好通風；再以穿透與延伸手法將18坪空間變得有如30坪。此外，設計師特別擴大主臥室空間，將書房的一半規劃為獨立的更衣間，提供夫妻倆豐富的衣物收納，以及女主人的梳妝機能，讓倆人使用也綽綽有餘。

廚房　主臥房　更衣室　客廳　書房　大門

After

・坪數：18坪　・室內格局：兩房兩廳　・居住成員：夫妻

主臥房，總是貪心的想要越大越好啊！

拯救【不良主臥房】格局

case69

━ 看屋第一眼OS

"兩房打通的主臥房很寬敞，卻沒有好用的收納空間。"

"浴室的門正對著床舖，感覺很不舒服！"

Before story

　　經過客變的兩房兩廳新成屋，雖然格局還算不錯，但主臥房床舖面對著浴室門。雖然已經決定了床舖方向，但面對著廁所門這個大問題，得好好改善。加上臥房屬於偏長形結構，在進門右側角落有片空間，屋主夫婦希望能夠整合更衣室、梳妝機能。

客廳　　　　主臥房

大門

Before

救援大重點【主臥房】
壁板＋暗門

救援王・
曾建豪、劉子瑜
PartiDesign Studio
0988-078972

壁板造型，巧妙地修飾出入動線

 格局第一步idea

"運用簡單的壁板造型與暗門設計，巧妙地修飾浴室、更衣間出入動線，闔起門片主臥空間變得更完整。"

After story

主臥床舖面對浴室動線的尷尬問題，設計師採取白色壁板造型暗門予以化解，當門片闔起時呈現如完整壁面的視覺效果。並亦延伸成為更衣室門面，巧妙地修飾浴室、更衣室的出入動線，讓更衣室內擁有較獨立的梳妝區域，並兼顧男女主人的收納需求。

After

・坪數：26坪　・室內格局：兩房兩廳　・居住成員：夫妻

171

主臥房，總是貪心的想要越大越好啊！

拯救【不良主臥房】格局

case70

看屋第一眼OS

"主臥房雖然有小書房，但已變成衣物和雜物堆。"

"每次收拾臥房都好花力氣，能不能有更衣室讓我放？"

Before story

　　屋齡25年的公寓華廈，過去是屋主和妹妹同住，甚至將另一間房分租出去，其實屋況並不是很好，隨著妹妹結婚，自己也有成家計畫，於是決定將老房子重新翻修。除了想要有一間開放式書房外，在原來自己用的主臥房旁邊的小書房，早已變成衣物和雜物堆，沒有完整的收納機能。

主臥房

客廳

餐廳

大門

Before

救援大重點【主臥房】
只要系統衣櫃

救援王·
利培安、利培正
力口建築
02-27059983

利用系統衣櫃打造更衣室，
讓更衣沐浴更方便

👍 格局第一步idea

"雙層系統衣櫃變身獨立更
衣室，並更改衛浴的入口，讓
更衣、沐浴更加順暢。"

After

· 坪數：30坪 · 室內格局：兩房兩廳、書房 · 居住成員：夫妻

After story

　　設計師將主臥旁的原始小書房重新規劃，運用
小書房的空間，重新打造獨立的更衣間，搭配雙層
的系統衣櫃，增加實用的收納機能，並將鏡子與浴
室推門作結合，讓主人一回家就可以更換衣物並沐
浴，獲得清爽與舒適，順便在更衣室收掛衣物，保
持主臥房的整齊與乾淨。

主臥房,總是貪心的想要越大越好啊!

拯救【不良主臥房】格局

case71

看屋第一眼OS

"希望有大的主臥房也希望有書房,要怎麼安排動線?"

"孩子假日就會回來住,空間要有三個房間的規劃。"

Before story

38坪的毛胚屋,雖然經過客變,仍然不是很符合屋主的要求。將屆退休之齡的屋主夫婦,平日只有兩人居住,但一到假日孩子就會回來,因此希望在有限的空間中能規劃出四房兩廳雙衛,還要有專屬的書房及更衣室…這真是設計師的大考驗!

浴室

客廳

大門

Before

救援大重點【主臥房】
木門＋玻璃門

救援王．
馬健凱．
界陽&大司室內設計
02-29423024

一實一虛的門片，劃分公私場域

👍 格局第一步idea

"將主臥房設在書房後方，並以木門區隔餐廳獲得隱私；以玻璃拉門區隔書房，視需要而開闔。"

After story

　　由於屋主希望將閱讀與臥眠空間規劃於同一區域中，所以設計師將主臥房設在書房的後方，以一道木門與霧面玻璃拉門分別區隔餐廳與書房。書房的書櫃則與主臥房電視牆共用，保有私人隱私同時也善用空間。平日拉開書房拉門，便可讓主臥與書房成為相通的私人空間；若遇賓客來訪，便將霧面玻璃門拉上，客人就不會看透私人空間的隱私。

After

・坪數：38坪　・室內格局：三房兩廳　・居住成員：夫妻、1子

主臥房，總是貪心的想要越大越好啊！

拯救【不良主臥房】格局

case72

看屋第一眼OS

"由於孩子都已經上 國中，都想有各自的房間。"

"但有辦法在10.5坪的小屋 裡隔出3個睡覺的地方嗎？"

Before story

這棟屋齡已超過30年的舊屋，坪數僅有10.5坪，麻煩的是卻無夾層可利用，加上屋主孩子都上了國中，都希望各自有自己的房間，原來僅有的一房格局必須隔出三個可睡覺的區域，加上眾多的物品，需要大量的收納空間，而讓規劃問題難上加難。

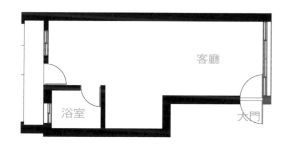

客廳

浴室

大門

Before

救援大重點【主臥房】
一坪抵三坪用

救援王‧
黃俊勳
絕享設計工程
02-87730290

將空間分為上下二段，
上半睡眠、下方閱讀與收納

👍 格局第一步idea

"打破平面思考，讓衣櫥變床架、床底作書桌、收納櫃成為座榻。"

After story

　　設計師打破平面思考，一分為三的臥房在設計上的共通原則是：將空間依立面分為上下二段，上半為臥鋪，下方則作為其他機能使用。他先將走道改至左側，使空間足以規劃出三房，並藉由重疊利用的手法讓衣櫥變床架、床底作書桌、收納櫃成為座榻，甚至走道天花板也能收納，運用一坪抵三坪用的終極設計，完成三房格局的不可能任務。

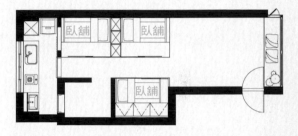

After

‧坪數：10.5坪　‧室內格局：三房一廳　‧居住成員：母親、1女1子

主臥房，總是貪心的想要越大越好啊！

拯救【不良主臥房】格局

case73

 看屋第一眼OS

"雖然有三房兩廳，但每一間房間都好小喔！"

"希望主臥房和衛浴能大一些，未來有寶寶也才有照顧的空間。"

Before story

　　雖然是新成屋，但原始格局產生許多不方整的結構，房間切割得過於零碎、主臥浴室狹小，加上僅有單面採光，整個空間感缺乏舒適性。而且不到25坪的房子就規劃了三房，每間房間卻都小小的，雖然目前僅有夫婦倆住，可是當有了孩子該怎麼辦？

主臥房　臥房　客廳

臥房

大門

Before

救援大重點【主臥房】
只要推拉玻璃門

救援王・
無有建築設計團隊
無有建築設計
02-27566156

清透彈性書房，為未來生活做預備

 格局第一步idea

"以半開放式的書房作為彈性隔間，既可獨立為客房，也可與主臥房結合，讓生活充滿未來感。"

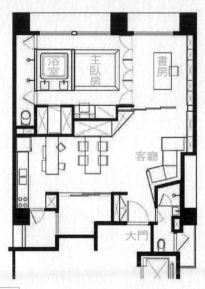

浴室　主臥房　書房

客廳

大門

After

・坪數：23.8坪　・室內格局：兩房兩廳、起居室　・居住成員：夫妻

After story

　　設計師根據生活所需要光線的優先次序，將主臥房安排於主要採光面，並結合推拉玻璃門為客廳、臥房隔間，順利地讓光線穿透至內。而原有起居室改為半開放式書房，讓它成為一個彈性空間，可與主臥房結合成為嬰兒房，其六片旋轉門扇能視需要自由獨立開闔。原本狹小的主臥衛浴更改為有如精品飯店的開放式設計，充分滿足屋主需求。

主臥房，總是貪心的想要越大越好啊！

拯救【不良主臥房】格局

case74

看屋第一眼OS

"房子內沒有任何樑柱支撐，只以RC牆作結構，等於不能改格局。"

"主臥房是狹長的格局，又不能拆除牆面，該怎麼辦？"

Before story

從上一輩傳承下來的30年老屋是年輕夫婦未來的新房，然而當建築師測量屋況時卻發現，這是個無樑板老房子，就意味著隔間完全無法變動，既有的公共廳區只有客廳、廚房，少了可用餐的機能。而主臥房在一堵水泥牆的劃設下，形成狹長的結構，空間機能的定位變得很重要。

Before

救援大重點【主臥房】

只要H型鋼結構

救援王・
尤噠唯、林睿擇
尤噠唯建築師事務所
02-27620125

以H型鋼結構拉長水平，
打造流動的空間感

👍 格局第一步idea

"利用殘留的牆面，以H型鋼結構拉長水平，作為空間介質，帶出自然流動的空間感。"

After story

早在規劃之前，屋主就已將左右相鄰的兩個小房間處理成主臥房，這也讓建築師在探討主臥房的定位上，能夠藉由一堵殘留在主臥房空間裡的水泥牆，透過H形鋼的組立，強化主臥房、更衣間及書房彼此間的流動關係。利用H型鋼屏風與後方的櫥櫃設立更衣間，是臥眠區與閱讀區的中介，為整體空間帶來流暢的感受。

After

・坪數：25坪　・室內格局：兩房兩廳　・居住成員：夫妻

181

主臥房，總是貪心的想要越大越好啊！

拯救【不良主臥房】格局

case75

看屋第一眼OS

"臥房裡的浴室好窄，一推開門就會撞上馬桶。"

"三房的規劃雖好，但主臥房之外的兩房小的可憐。"

Before story

原始三房兩廳格局雖然足以單身的屋主使用，但是除了主臥房，其餘兩間臥房都小小的不好用，而且主臥衛浴狀況慘不忍睹，不僅灰灰暗暗的，浴缸、面盆和馬桶緊貼著彼此，一推開門幾乎要撞上馬桶，還得轉身後才能關上門，這種狀況實在無法讓屋主能放鬆自在。

主臥房　臥房　客廳

浴室

臥房

大門

Before

救援大重點【主臥房】
捨一房換大衛浴

救援王·
賴嫻如
達利室內設計
02-26309978

拆除一房擴大衛浴，增加更衣空間

👍 格局第一步idea

"將主臥衛浴旁的房間拆除，擴大衛浴空間，並增加更衣處，滿足愛泡澡主人的願望。"

After story

　　設計師將格局重新調整，拆除小臥室納入擴大主臥浴室空間，讓衛浴成為主臥房的幸福焦點。推開主臥衛浴的門，多彩的復古磁磚地面，點綴了古典壁板、踢腳板設計，各自獨立的淋浴間、馬桶，而古典浴缸安排在浴室入口，讓主臥衛浴成為臥房最美的風景。

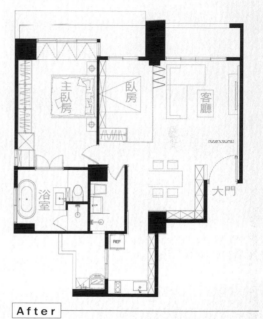

After

· 坪數：30坪　· 室內格局：兩房兩廳　· 居住成員：1人

主臥房，總是貪心的想要越大越好啊！

拯救【不良主臥房】格局

case76

⊖ 看屋第一眼OS

"和室夾在主臥房和小孩房中間，感覺封閉不太好用。"

"走道也因為被阻擋光線，走起來昏暗、不舒服。"

Before story

　　原始的三房兩廳格局看起來很方整，但是和室被主臥房、小孩房夾在中央，空間感覺很閉塞，也因隔間牆的阻擋之下，讓人在走道上往來時感到擁擠、不舒服，光線也明顯不夠明亮，連帶地讓和室的利用不如預期的好，感覺有點浪費空間。

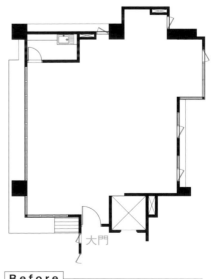

大門

Before

救援大重點【主臥房】
雙入口和室

救援王‧
大祈設計團隊
大祈室內裝修設計有限公司
03-6588875

玻璃和室變身主臥房的休憩空間

 格局第一步idea

"拆除和室的隔間牆改為玻璃拉門，與主臥房緊鄰的隔間則變更為木作拉門，納入主臥房的休憩區。"

主臥房

和室

客廳

大門

After

‧坪數：30坪 ‧室內格局：兩房兩廳、和室 ‧居住成員：夫妻、1子

After story

設計師首先拆解和室的隔間牆，相鄰走道處採取玻璃拉門，既有和室內的窗戶光線能帶往走道，視線深度就能延伸至客廳，讓空間具有開闊感。而和室與主臥房緊鄰的隔間則變更為木作拉門，巧妙地將和室納為主臥房休憩區的一部分，增大主臥房的功能。

185

主臥房，總是貪心的想要越大越好啊！

拯救【不良主臥房】格局

case77

看屋第一眼OS

"我想要主臥房又想要書房，但客廳、餐廳會變得很擠很小。"

"主臥房門口正對客廳，讓客廳牆面變得不完整。"

Before story

　　從事時尚產業的單身屋主買下這間兩房兩廳的房子，看似其實符合一個人的生活型態，但其實室內坪數僅15坪，對屋主而言最大的困擾是：空間感覺太狹隘了！因為客廳深度比起一般住宅少了將近80cm，而主臥房的門口又正對著客廳，加上鄰側的書房採取的是實牆隔間方式，此舉讓長形公共空間的也顯陰暗。

Before

救援大重點【主臥房】
主臥房門轉向

救援王‧
沈台瑄、劉鴻怡
清設計
0937-831647

斜切開放書房，提升明亮與寬敞度

 格局第一步idea

"主臥房結合開放書房，打造彈性與獨立的大主臥空間，讓光感與視感都舒適又明亮。"

After

‧坪數：15坪　‧室內格局：一房兩廳、書房‧居住成員：1人

After story

　　以15坪的空間來說，最適切的比例是採取可彈性開放、獨立的大主臥房概念，設計師分析說道。但由於保有書房需求及盡可能地保留原隔間，設計師更要絞盡腦汁規劃最具效益的空間格局。於是設計師將主臥房的房門轉向書房，並拆除書房鄰走道的一道隔間牆，打造彈性主臥房，也讓書房與公共空間光線流通連繫，產生寬敞舒適效果，提高廳區的明亮度。

主臥房，總是貪心的想要越大越好啊！

拯救【不良主臥房】格局

case78

 看屋第一眼OS

"臥房裡的浴室卡在角落有些礙眼，希望泡澡能欣賞美景。"

"三角形的主臥房格局，要怎麼隔出充裕的更衣室空間。"

Before story

歸國華裔新婚夫妻，在台灣買下他們的居所。這對年輕的國際人，因為這座宅子的陽光與景觀，決定超出預算買下。他們在意空間規劃的獨特性，不在意建築斜角設計形成的多角空間，只希望主臥房與主臥浴室的視覺能全然開放，但是房裡有一塊大削角與不能拆的隔間牆。

浴室　主臥房　客廳

大門

Before

救援大重點【主臥房】
衛浴大轉向

救援王・
郭宗翰
石坊空間設計研究
02-25288468

主臥床頭就是洗手檯，舒爽的全開放設計

格局第一步idea

"將主臥衛浴予以90度直角大轉向，臥房結合浴室與更衣空間，讓生活零距離。"

After story

設計師原本計畫將主臥房中的浴室規劃在擁有大面窗景的空間轉角處，並拉齊主臥室及更衣空間，然而卻有一道社區管委會規定不能拆掉的隔間牆。於是設計師遂將主臥衛浴予以90度直角大轉向，讓洗手檯與床之間零距離！並在臥房空間的削角處設計一座木質矮櫃，整合所有櫃體成為完整的陽光收納區。

主臥房　客廳　浴室　更衣室　大門

After

・坪數：38坪 ・室內格局：一房兩廳、書房 ・居住成員：夫妻

189

主臥房，總是貪心的想要越大越好啊！

拯救【不良主臥房】格局

case79

 看屋第一眼OS

"住家單面採光，主臥房這一側都陰陰暗暗、窄窄小小的。"

"預留的嬰兒房一定要獨立一間臥房嗎？感覺很浪費空間。"

Before story

雖然現在的空間對於夫妻倆人生活尚可，但若是以未來的生活進展來檢視眼前屋況：單面採光、三間小房間、小客廳、小餐廳，而且主臥房跟小孩房是分離的，剩餘的角落空間完全無法使用，這樣的格局規劃絕對不足以應付未來的生活變化。

臥房　　臥房　　　客廳

主臥房　浴室　浴室　　　大門

Before

救援大重點【主臥房】
捨一房變成多功能室

救援王・
張成一
將作空間設計
02-25116976

主臥搭配折門與架高地板，變身陽光彈性空間

 格局第一步idea

> "合併原本的兩小房，以折門彈性區隔主臥房與多功能室，作為未來的育嬰空間及小孩房。"

After story

　　兩間臥房合併後，主臥空間前端採架高地板搭配玻璃摺門設計，賦予多功能室的機能，更讓光線得以大量地深入房內。拉開摺門後，兩區連成一氣，通透、開闊、明亮。一旦新增家庭成員，該區自然是便利照顧的育嬰室。假以時日，幼兒須有獨立的寢臥空間，將摺門改成實門，輕鬆地就能將大主臥室變更為獨立兩房。

After

・坪數：22.4坪 ・室內格局：兩房兩廳、書房 ・居住成員：夫妻

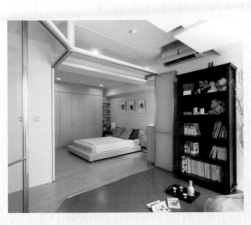

191

主臥房，總是貪心的想要越大越好啊！

拯救【不良主臥房】格局

case80

⊖ 看屋第一眼OS

"主臥房超寬敞，不過衛浴的門竟然正對著床鋪。"

"可把更衣室改為小孩房，但主臥房收納空間還是要夠。"

Before story

　　50坪的新成屋，三房兩廳的格局是適合屋主一家三口生活的。然而客變過了一年半，屋主突然希望還能多增一間小孩房。加上主臥房雖然寬敞明亮、景觀優美，擁有豪華的衛浴設備及超大更衣室，然而受到房型侷限，床鋪的擺置面臨了正對浴廁門口的窘境。

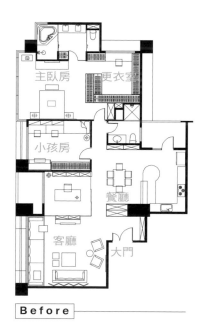

主臥房　更衣室

小孩房

餐廳

客廳　大門

Before

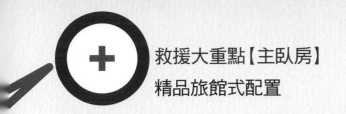

救援大重點【主臥房】
精品旅館式配置

救援王‧
翁振民
幸福生活研究院
02-23936013

轉換床位方向，用綠意洗滌睡意

格局第一步idea

"將床位轉向面對落地大窗，以綠意來迎接每個早晨，搭配雙面的床頭櫃，享有精品旅館般的生活。"

After story

設計師將原先主臥房的更衣室改回預備的小孩房，並利用衣櫃作為彼此的隔間。並且大膽地採用精品旅館式的配置，將床位方向迎窗配置，綠意成為起床後映入眼簾的第一個畫面。床頭櫃採雙面設計，背面是女主人驚喜的紫色梳妝檯。搭配隔間的主臥衣櫃，利用烤漆方格木作營造特殊凹凸的生動表情，與床頭櫃的長方繃板交織出低調的幾何趣味。

小孩房

主臥房

餐廳

客廳

大門

After

‧坪數：50坪　‧室內格局：三房兩廳、書房　‧居住成員：夫妻、1女

193

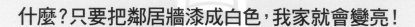

什麼？只要把鄰居牆漆成白色，我家就會變亮！

老屋的採光通風
就從「油漆+門窗工程」開始

好幾十年的老房子要重新翻修，最重要的就是要提升與改善採光與通風，
但非得大刀闊斧的泥作工程才能換取嗎？
其實，只要利用最省錢的油漆，就能大大提升明亮感，
加上開對窗戶位置，就能讓老屋煥然一新。

從油漆工程下手，簡單3招就發亮

第1招│客廳向內縮，白色地板接引自然光

很多缺乏光線的問題都是出在位於一樓的老房子，爭取不到向上的光，周圍也全被建物擋住了。例如一樓老屋客廳很寬，與鄰棟之間雖然有90公分寬的距離，也有窗戶，但是光線卻進不了客廳，於是她將客廳往內縮約90公分，創造出一個大露台，露台內鋪設刷了白漆的木地板，白色地板即成為大型反光板，當光線透過90公分垂直折射打在地面，就能巧妙地讓室內光線提升，而且只要一點點光即可創造出非常明亮的效果。

第2招│鄰棟建築變成白色大反光罩

如同上述所說過的攝影原理，當屋子只有一面採光，與鄰棟距離又只有108公分時，可將隔鄰牆面刷上白水泥，而樓下的鐵皮屋頂也採用白色防水漆料，如此即有兩面大反光罩能折射陽光，改善室內陰暗的狀況。

第3招│老屋窗檯上白漆

過去老房子設計不良，很多窗戶外頭都會有一小段窗檯，反而容易造成滲水，可以把窗檯改至屋內，並用白色水泥、漆料塗抹，當成室內的小型反光板，只要光線投射於檯面，即可增加反射光線的機會。

從門窗工程下手，簡單5招就有風

第1招｜依據使用型態利用採光面

想讓採光面發揮最有效的利用，首先可計算室內既有的採光面，讓最需要光線的空間安排於採光處，例如客廳、書房，以浴室來說光線倒是其次，最重要的是通風問題，而廚房對光線的需求來說較不高，也可移到屋子中段。

第2招｜狹長老屋鐵皮變室內花園

光線較差的老屋大多數是狹長型結構，不但鄰棟都蓋滿了，後面也是防火巷，前方雖然有窗戶但是光線卻也進不了屋子中段，建議將老房子後面所增建的鐵皮屋拆掉一個角落，規劃為玻璃採光罩的室內花園，並讓兩間臥室包圍花園，就能同時擁有光線與通風對流。

第3招｜臥室最好要有自然採光窗

另一種狹長型老屋的處理方式是將其中一間臥室移至最前方的採光面獲得自然通風效果，同時設計出內、外玄關，內玄關增設對流門，讓公共場域擁有通風舒適感，而客廳和臥室之間則以玻璃磚隔間牆，使臥室保有隱私，客廳又可享有穿透的自然光。

第4招｜獨棟長型老屋開天窗

如果是獨棟狹長型老房子，不妨選擇最上層天花板開設一道天窗，如此一來每個樓層都能感到明亮，並可於天窗旁設計溢風口，讓熱空氣上升，增加室內對流，屋子就會很通風。

第5招｜門開啟的方向要注意對流

狹長型老屋傳統都是一條走道兩旁是臥室，又沒有對外窗的情況下，房間令人感到悶熱，因此建議臥室、書房可交錯排列，同時房門開啟方向考慮空氣對流的方向，才能帶來通風的效果。

把夾層變高、變大！就像看一場精彩的空間魔術秀。

拯救【狹小夾層】格局

case81

⊖ 看屋第一眼OS

"挑高四米的空間加上夾層如何感覺不壓迫？"

"我希望空間最好又能有與眾不同的特色。"

Before story

　　屋主夫婦的兒子、女兒皆有設計與建築背景，希望擅長藝術性的設計師能為家打造出時尚又前衛的設計，最好能突顯四米挑高的空間氣勢；而女主人最重視的就是空間可以有充足的收納量，還有進門即直視廚房的風水問題也很令人擔憂。

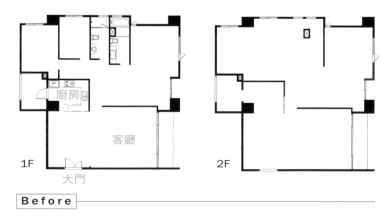

1F　廚房　客廳　大門

2F

Before

救援大重點【夾層】
幾何線條+開放性

救援王·
李中霖
雲邑室內設計
02-23649633

以夾板為材料，打造空間戲劇感

 格局第一步idea

"以「翱翔」的主題延伸，拼接成為特殊的天花造型，空間就像飛起來般的輕盈。"

After story

對於熱愛挑戰新作法的李中霖設計師來說，如果只是以曲線修飾空間過於普通，他運用毫無修飾的原始夾板以「翱翔」的概念，透過適當比例的拼接角度，橫跨客餐廳的天花板延伸至電視牆，巨大的特殊量體展現挑高四米的高度，特別是懸空玄關櫃適時地區隔，避免進門直視全室，同時讓人對於室內存有期待的想像空間。

1F

2F

After

· 坪數：48坪 · 室內格局：四房兩廳 · 居住成員：夫妻、2女1子

197

把夾層變高、變大！就像看一場精彩的空間魔術秀。

拯救【狹小夾層】格局

case82

看屋第一眼OS

"第二個孩子即將到來，但目前空間不敷使用。"

"我希望空間格局開放且以小孩房為中心。"

Before story

　　幾年前買下這間挑高三米六、11坪的飯店式套房時，屋主夫婦便沿用建設公司規劃好的格局，一家三口使用倒也沒什麼問題；然而面對即將到來的第二個孩子，原始的房間機能已不符合需求，希望能與孩子之間互動更好為前提，促使夫妻倆決定重新裝修。

臥房

樓梯

客廳

廚房

大門

Before

救援大重點【夾層】
環繞動線規劃

HELP 救援王・
劉冠漢、曹均達
KC design studio
02-27295775

以小孩房為中心的互動式設計

👍 格局第一步idea

"一樓形成能自由走動的環繞動線，從主臥房可就近照顧幼兒，光線通風變得更好。"

After story

　　室內僅11坪、挑高三米六的高度，位於基地中段的夾層空間—遊戲房，以三個開洞形成父母與孩子之間的趣味互動，大門進入後與走廊相對第一個開洞；第二個開洞在主臥房上端，也就是遊戲房的主要動線，利用爬梯可通往上層；第三個開洞設於小孩房，孩子能經由上舖直接進入、離開遊戲房，形成一種遊樂概念。

1F　大門

2F

After

・坪數：11坪　・室內格局：兩房兩廳、遊戲房
・居住成員：夫妻、1子1女

把夾層變高、變大！就像看一場精彩的空間魔術秀。

拯救【狹小夾層】格局

case83

⊖ 看屋第一眼OS

"大門、樓梯與浴室都集中在進門處，出入動線很卡。"

"開門直視窗外的風水問題，讓我十分頭痛！"

Before story

　　僅14坪的空間，樓梯就在大門邊，窄又陡的結構走起來很不舒服，動線也不是很恰當。加上原本只有簡單的流理檯，但卻規劃於夾層區域，使用上非常不便；而且浴室隔間的設立，反而形成室內空間中的一種阻礙。

1F　　大門　　2F

Before

救援大重點【夾層】
樓梯移位結合收納機能

救援王·
黃士華、袁筱媛、
孟羿彣·隱巷設計
02-23257670

透明地板維持挑高感，讓空間不壓迫

 格局第一步idea

"撤走原始樓梯的位置創造出實用便利的廚房，將一樓規劃為多元且彈性的生活模式。"

After story

　　將樓梯移往空間末端，同時採用堆疊的方式打造，兼具收納機能，更利用原始樓梯位置安排一字型廚房，倚牆面的做法既不佔據動線，使用上也更加方便。浴室隔間改成半開放式設計，讓一樓視野更為延伸開闊，夾層更改成透明地板，增加起居區的使用坪效，又能保持挑高的開闊性。

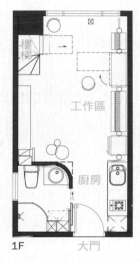

1F　　　大門

2F

After

· 坪數：14坪　· 室內格局：一房兩廳　· 居住成員：夫妻

把夾層變高、變大！就像看一場精彩的空間魔術秀。

拯救【狹小夾層】格局

case84

看屋第一眼OS

"僅僅10坪的長型空間，家具一放就滿了！"

"浴室規劃在窗戶前，光線都被擋掉一半了。"

Before story

　　這是一間單身男子的住所，室內坪數只有10坪，但是屋主希望能擁有齊全的生活機能，包括偶爾會和朋友們一起聚會，也想要有餐廳、書房等格局，其中原有浴室的牆面，阻隔了大部份的採光來源，房子顯得十分陰暗，牆體轉角對於空間的破壞性也很大，同時佔據的比例太大，也把房子的空間感給侷限住。

浴室
廚房
REF
大門

Before

救援大重點【夾層】
客廳變臥榻

救援王・
謝宇書
芮馬室內設計
02-37653556

顛覆沙發擺法，活用地板層次變化

 格局第一步idea

"縮小浴室範圍，並將洗手檯
獨立出來與廚房共用，既省空間
又不阻擋採光，家具則以軟榻取
代沙發。"

After story

　　客廳旁的架高地面嵌入床墊，打破傳統臥室的
概念，除了沙發的座位區，床舖也彷彿一個放鬆舒
適的大臥榻，另外退讓出的架高餐廳亦可容納多人
使用。利用穿透性玻璃取代原有浴室隔間，牆面打
開後，引進了光線、空氣，一方面也將廚房挪至與
浴室同側，如此即可省略浴室洗手檯，退讓出更完
整舒適的空間。

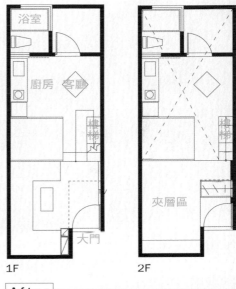

1F　　　　　　2F

After

・坪數：10坪　・室內格局：兩房一廳　・居住成員：1人

把夾層變高、變大！就像看一場精彩的空間魔術秀。
拯救【狹小夾層】格局

case85

看屋第一眼OS

"三米六房子被夾層規劃得好滿，感覺非常擁擠。"

"餐廳規劃在夾層正下方，用餐覺得好壓迫啊！"

Before story

在挑高三米六房子的夾層區，原始格局的規劃上，幾乎是作滿天花板的，感覺很擁擠之外，光線和空氣都很差，原始客、餐廳是開放格局，客廳旁的房間以錯落夾層方式規劃，鏤空結構讓空間難以利用，也無法舒適地站立，餐廳位在夾層下方，顯得有些壓迫。

夾層區

2F

餐廳　客廳　臥房

樓梯

廚房　大門

1F

Before

救援大重點【夾層】
夾層分兩側

救援王・
林政緯、林季雄
大雄設計
02-85020155

挑高客餐廳，採光與通風變好

 格局第一步idea

"公共區域整合在空間中段，臥室往兩側放，右側夾層臥室還能站立更換衣物。"

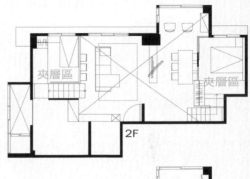

夾層區　　　　　夾層區

2F

After story

　　取消客廳旁的房間，釋放既有三米六高度重新規劃為餐廳，換來寬敞明亮的用餐氣氛，還能欣賞窗外的遼闊美景。開放式廚房則由垂直軸線延伸的長吧檯設計，提供另一個用餐、閱讀、上網等多元機能。並利用一樓衛浴上方安排客房，將衣櫃設於樓梯上來的轉角壁面，刻意懸空的方式，讓屋主能舒服地站在衣櫃前更換衣物。

廚房　　　客廳　　　餐廳

大門

1F

After

・坪數：32坪　・室內格局：三房兩廳　・居住成員：夫妻

把夾層變高、變大！就像看一場精彩的空間魔術秀。

拯救【狹小夾層】格局

case86

看屋第一眼OS

"原始格局的樓梯位置，令空間感覺封閉又壓迫。"

"廚房與客廳要怎麼規劃，才不會擋到露台的好風景。"

Before story

這是屋主位於市區的第二屋，除了因應自己工作太晚的住宿需求，當親戚朋友來訪或是來到市區，還要擔任方便的留宿空間。在小坪數中樓梯是影響空間和動線的關鍵，如何安排樓梯的位置是一大挑戰。浴室空間狹小，容易讓人感到封閉和壓迫，原始大樑更容易造成壓迫感。

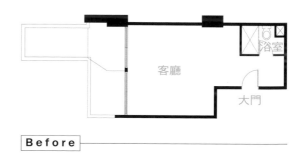

Before

救援大重點【夾層】
將樓梯移位

救援王‧
陳泓宇‧宇藝設計
02-27388918

樓梯化身窗前的藝術裝置

 格局第一步idea

"將樓梯設在落地窗前，並銜接電視牆延伸而出的大理石檯面，構成簡潔俐落線條。"

After story

將樓梯移到落地窗前，不只展現獨特風格，客廳與廚房更因此擁有寬敞完整的格局。將原有的牆面敲出一扇玻璃窗，讓浴室的視線可以看到客廳甚至露台，提升了空間穿透感。設計師利用鏡面從牆轉折到樑，讓空間透過反射向上延伸，樑被鏡面包覆之後就像消失一樣，解除原來的壓迫感。

夾層區　　2F

客廳　　廚房　　浴室
樓梯　　大門　　1F

After

‧坪數：15坪 ‧室內格局：一房一廳 ‧居住成員：夫妻

把夾層變高、變大！就像看一場精彩的空間魔術秀。

拯救【狹小夾層】格局

case87

看屋第一眼OS

"空間裡的大樑跟管線，讓7坪空間好有壓迫感。"

"有可能規劃充裕的收納空間來放大量衣服嗎？"

Before story

　　毫無隔間的毛胚屋，格局方正且擁有兩面大落地窗，窗外即是陽台與絕佳景觀。由於是高層住宅，天花板照例出現了粗樑與消防管線。得在7坪的有限坪數內，定義出夫妻倆招待親友的客餐廳、平日工作或閱讀的書房、休息用的臥房，以及充裕的收納空間。

客廳

浴室

大門

Before

救援大重點【夾層】
局部夾層設計

救援王・
宋豪毅・齊禾設計
02-27487701

規劃挑高又開闊的生活空間

 格局第一步idea

"只取平面½來規劃夾層,打造夫妻兩人剛好的生活空間,同時又保有挑高與採光優勢。"

After story

　　挑高三米六屋高,利用錯開樓板高度的作法,讓小房子也能有獨立更衣間,且運用旋轉衣架節省空間。利用兩個落地窗當中夾了一個寬僅45公分的小凹槽,將之規劃成收納櫃,可彌補書房兼餐廳的收納機能。拉大面寬,樓梯除了橫樑下方的30公分,踏階還剩下60公分可供行走;並利用樑下不常走動之處,於牆面懸吊化妝櫃與裝飾小櫃。

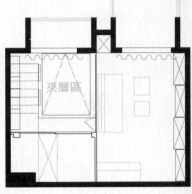

2F

1F　　　　　　　　　大門

After

・坪數:7坪　・室內格局:一房一廳
・居住成員:夫妻

把夾層變高、變大！就像看一場精彩的空間魔術秀。

拯救【狹小夾層】格局

case88

看屋第一眼OS

"在8坪空間裡，要工作與起居生活互不干擾。"

"還要充足的收納空間，擺放工作用文件和衣物。"

Before story

　　屋主為個人工作者，因此希望能在家工作，同時又不影響居住的生活品質。在看過許多房子之後，發現四米三挑高的空間最符合需求，加上樓板高度適合，因此當第一次看到這個空間有陽台、廚房及衛浴設備，所有條件符合。但僅8坪大的空間裡，要規劃工作室及居住機能，實在不足。

2F

廚房

樓梯

浴室

陽台

大門

1F

Before

救援大重點【夾層】
重置樓梯動線

救援王・
王豪駿・長拓設計
02-22347552

創造兩倍大的生活機能

 格局第一步idea

"將原本鋼架夾層樓梯拆除移位，並將進出廚房動線左右顛倒，保有夾層下方ㄇ型牆面完整性。"

After story

　　更改樓梯動線，將原本位在後方的樓梯，改至門口轉折的畸零牆面，並以三角板轉角設計，不但可以縮小樓梯佔地面積，同時也可沿著牆面做出階梯式收納櫃體，讓梯間下方也可以拿來做收納。位移廚房門口，從牆的右方移至左邊，並以鋁框玻璃做拉門設計，以便連同陽台將陽光大量引進。同時也可保存牆面的完整性，以便改為工作室。

2F

臥房

衣物間

樓梯

1F

工作區

廚房

浴室

陽台

大門

樓梯

After

・坪數：8+8坪　・室內格局：一房兩廳
・居住成員：二人

把夾層變高、變大！就像看一場精彩的空間魔術秀。

拯救【狹小夾層】格局

case89

看屋第一眼OS

"25坪如何規劃三房兩廳、獨立書房以及儲藏室。"

"最重要是必須幫偶爾來訪的長輩留一間孝親房。"

Before story

挑高四米多的室內，約莫25坪的三房兩廳規劃，理應對一家四口的成員而言是充裕的；但因為屋主是一個在家工作的程式工程師，夫妻倆又希望能預留孝親房給每個周末來訪的長輩留宿，同時獨立的儲藏室是必要的，因為可以妥善收納電器、雜物並保持室內空間的整齊。

廚房

客廳

大門

Before

救援大重點【夾層】
Y字梯串聯互動生活

救援王·
翁振民
幸福生活研究院
02-23936013

左右夾層規劃高度，建立幸福格局

 格局第一步idea

"**運用樓高的優勢，保留出客餐廳的高度，其餘闢出二樓機能。**"

After story

運用室內4.15m的高度優勢，一樓除公共空間之外，規劃包含孝親房、主臥室以及主臥更衣間，並以獨特的Y字型樓梯增設二樓空間，規劃遊戲區、書房、小孩房，讓白天在書房工作的爸爸，能就近照料在遊戲區、客廳玩耍的孩子，忙於下廚的媽媽，一抬頭就能呼喚遊戲區、小孩房，產生親密的維繫關係。

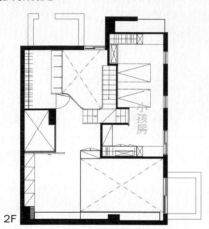

2F

1F

After

· 坪數：25坪 · 室內格局：三房兩廳、書房
· 居住成員：夫妻、2女

213

把夾層變高、變大！就像看一場精彩的空間魔術秀。

拯救【狹小夾層】格局

case90

看屋第一眼OS

"挑高三米六的空間，應該可以有兩房兩廳吧！"

"兩房包括我與先生可以共同使用的工作室。"

Before story

　　高度三米六的夾層屋型，客廳與廚房各有一面採光窗，希望可以營造小而大的「雪白世界」主題的居住空間。廚房、餐廳、主臥與二處完整工作區的需求，夾層的設計與空間規劃成為設計師挑戰。

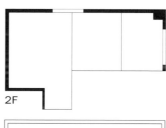

2F

臥房

浴室

客廳

1F　大門

Before

救援大重點【夾層】
直立樓梯省空間

視停留時間設夾層高度

格局第一步idea

"為必要且時常停留的空間設計舒適的高度。"

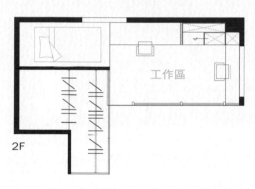

2F

1F　大門

After

‧坪數：20坪　‧室內格局：二房二廳、工作室　‧居住成員：夫妻

After story

「雪白的世界」是女主人與設計師給予這個空間主題。用一樓天花／二樓地坪的不同高低變化，讓必要／時常停留的空間天花板高度是舒適的，一樓留給公共空間、衛浴與主臥，夾層是夫妻二人可以同時且長時間工作的完整區域，並且可以收納衣物、雙層書架並多出一方臥榻當作客房使用。

噪音來自上下左右，不只是牆要隔音而已喔！

從天花板到地板、窗戶的 「隔音」關鍵工法

老屋最常令人困擾的就是噪音問題，
不只是車聲、就連鄰居吵架、打小孩的聲音都躲不掉，
但你知道嗎？隔音不只是牆面內塞隔音棉就能了事，
包括天花板、地板和窗戶，都可能是噪音滲進你家的來源。

天花板隔音法

頂樓老屋的天花板需隔音

頂樓房子由於暴露在戶外，加上樓板薄，很容易有噪音的問題產生，因此裝修時需將天花板納入隔音重點，千萬不可使用毫無吸震能力的夾板，要選用石膏或矽酸鈣板，並且在下天花板角料後，矽酸鈣板之前再加裝吸音材料，例如吸音綿、礦絨板、遮音片等等，絕對不能為了省錢而用保麗龍、泡綿。

管道間噪音通過浴室天花板

老房子樓上、樓下的管道間也是低頻噪音的來源之一，大多數浴室天花板整個都是開放的，除了必要管線銜接處之外，其餘空間最好藏起來，加上負壓式抽風設備與逆止閥裝置就能把空氣抽出去，也達到減輕噪音的效果。

地板隔音法

薄樓板請強化地板厚度

樓板薄的老房子，通常選用石英磚加上地面水泥砂結構，大約可創造7~8公分高度，藉由增加的厚度即可減少共震能力，或是搭配使用吸音地板材，在環保地材裡面也含有吸音墊，同樣有隔音的作用。

架高地板支架加裝吸震材

規劃架高地板時也要注意，當人在地板行走踩到支撐點的話，會產生如打鼓般的聲響，進而傳導至樓板，提醒支架底下還要再增加一層吸震材料，例如橡皮就能降低踩踏支架的聲響。

窗的隔音法

大馬路老屋選擇8厘米玻璃、吸震斗框

老房子結構牆厚度約25公分，即使是鋼筋RC結構也有15、16公分，因此噪音多半是來自門窗，而非結構牆的因素。如果是位在鬧區、大馬路旁的老屋裝修，建議門窗選用新式氣密窗，搭配8~10厘米的玻璃厚度（標準玻璃厚度是5厘米），同時挑選具吸震功能的斗框，以及有氣密條、門縫條設計的鋁窗結構，才能徹底隔絕屋外噪音。

室內加入軟材料吸音

硬的材料在空間容易產生共震，如果要達到吸音作用，建議可搭配局部地毯、布質沙發、雙層窗簾等家飾布品，因為布料和紗在震動中具有吸音效果。

注意鋁窗施工是否確實

不僅要選擇厚玻璃、品質較佳的氣密窗款式，鋁窗施工方式也是影響隔音成效的關鍵重點，所以施工時要注意鋁門窗固定於牆壁結構之間是否穩固、填實，直料、橫料是否具垂直與水平度。

外推凸窗最難隔音

坐落在鬧區的房子，如果不是原始建築即存在的水泥凸窗結構，而是後續施工自行外推設計的凸窗，所使用的材料大多是鋁板，然而鋁板結構是完全沒有隔音效果的，上下左右都能傳導聲音，反而無法減弱噪音。

隔間隔音法

櫃子靠牆減少鄰屋噪音

因隔間牆太薄經常聽到鄰屋聲音的房子，建議可將櫥櫃或儲藏室規劃於牆面，透過牆體的阻隔消弱聲音。

預鑄磚隔間抗震又環保

隔間裝修多半使用磚牆或是石膏板、矽酸鈣板，但是磚牆面積龐大、不抗震、污染、重量大、施工耗時，一般30坪房子大約要8-10天才能完工，如果遇到樓板很薄的老屋，結構也無法支撐，若改用石膏板、矽酸鈣板則又會傳導聲音。

建議隔間牆可選用預鑄磚（又稱陶粒磚），尺寸有6-12公分選擇，重量只有磚牆的三分之一，結構性卻大於磚牆，組裝方式相當簡單快速，如堆積木般，利用槽榫固定，所以日後還能回收再利用，不過要提醒的是，最好選用8公分以上的尺寸，同時注意隔間要隔到天花板，即可獲得完美的隔音效果。

真沒想到狹長老屋也能重獲明亮春天，像做夢一樣！

拯救【狹長型住宅】格局

case91

看屋第一眼OS

"狹長的11坪空間，必須放棄餐廳才能換到寬敞感？"

"哪怕會很小，我還是想要有可以用餐的地方。"

Before story

　　屋主單身一人，不需要太大空間，11坪房子雖然採開放式，但一進門就望到底，感覺比11坪還小，封平的天花板更顯得壓迫，隔出一間臥房、客廳擺上屋主舊家沿用的沙發和茶几之後就滿了，加上單調的小廚房讓人完全不想走進去，整個空間空白到沒有生活溫度。

廚房

大門

Before

救援大重點【狹長屋】
轉角大利用

救援王・
李宜蓁、許博敏
丁薇芬設計工作室
0976-379005

是走道也是餐廳的妙用

👍 格局第一步idea

"利用客廳、廚房和玄關的過渡
區域規劃半圓形餐桌，就讓家多
了用餐空間，真是太棒了。"

After story

　　雖然原本屋主考慮坪數，願意捨棄餐廳空間，設
計師還是利用客廳與廚房之間的角落，創造出一張三角
半圓餐桌，看似小巧，弧度卻夠兩人用餐、擺三菜一
湯，餐桌下方剛好利用三角畸零地帶增加收納櫃，餐桌
成了可愛的野餐角落，圓弧設計也貼心地避免碰撞。

After

・坪數：11坪 ・室內格局：一房一廳
・居住成員：1人

真沒想到狹長老屋也能重獲明亮春天，像做夢一樣！

拯救【狹長型住宅】格局

case92

🚫 看屋第一眼OS

"20米長老屋的主臥房規劃在中間，剛好把空間感切斷。"

"廚房又遠又小，讓人一點也不想下廚"

Before story

　　傳統長型屋的問題就是光線僅來自前後兩端，尤其20米長的此戶原始格局將主臥房規劃在昏暗的中央、客廳與廚房、餐廳在兩端，導致形成冗長迂迴的廊道問題，光線與空間感也被阻斷，前窄後寬的格局令客廳不夠開闊寬敞。

客廳　　　　　　主臥房　　　　　　　　　廚房

大門

Before

救援大重點【狹長屋】
餐廚前移

救援王‧
陳文超
覓得設計傢俬
02-29307660

餐廚與臥房換位，與客廳互融開放

格局第一步idea

"開放的中島廚房檯面與客廳連成寬敞明亮的公共空間，一點也看不出原本的狹長感。"

After story

　　將原本分隔前後的客廳及餐廳、廚房全部移至前面採開放式設計，僅以家具做視覺上的界定，並採大尺寸開窗方式，讓自然光源可以從前面的玄關、客廳一直延伸至中間區域的廚房及餐廳；主臥房移至原本後方的餐廚區，並結合後陽台拉大空間，將主臥房門口與洗手間面拉齊，減少不必要的廊道空間。

廚房
WINE
REF.
客廳
STEREO
主臥房
大門

After

‧坪數：30坪 ‧室內格局：兩房兩廳 ‧居住成員：夫妻、2子

真沒想到狹長老屋也能重獲明亮春天，像做夢一樣！

拯救【狹長型住宅】格局

case93

看屋第一眼OS

"這個被隔成三間套房的格局，非得重新規劃才行了。"

"16坪要隔成兩房一廳、書房和乾溼分離的浴室，夠嗎？"

Before story

　　此空間格局偏長型，兩道隔間牆區分成三等分，造成空間各自獨立，浴室採橫向結構阻斷空間感，動線也過於分散，後來經過轉手買賣，變成隔出三間小套房的格局，當屋主夫婦買下之後，希望16坪住宅有獨立的客廳、廚房、餐廳、主臥房外，還能有乾濕分離的浴室、書房、臨時的客房、未來10年內小孩的房間等等機能，勢必得重新全面思考。

Before

救援大重點【狹長屋】
拉出主軸

救援王・
郭柏伸
奇逸空間設計
02-27528522

縱向軸線安排，開放餐廚與客廳

 格局第一步idea

"利用長型屋的特色拉出一道軸線，依序安排餐廚、客廳、臥房面窗景，無形中借景讓空間更開闊。"

After story

設計師首先拉出空間的縱向軸線，將主臥房、客餐廳和廚房處理在同一軸線上，讓這些空間面臨窗邊，引入開闊的視覺感受。另一側則包含了書房、浴室機能，特別是浴室同樣採橫向結構，如此方能創造出乾濕分離的機能，甚至規劃出浴缸，而浴室與大門之間的區塊則正好構成一個完整且獨立的玄關，妥善發揮、運用這僅僅16坪的每一吋空間。

廚房
REF
書房
餐廳
浴室
客廳
玄關
大門
臥房

After

・坪數：16坪 ・室內格局：兩房兩廳
・居住成員：夫妻

223

真沒想到狹長老屋也能重獲明亮春天，像做夢一樣！

拯救【狹長型住宅】格局

case94

⊖ 看屋第一眼OS

"這戶狹長屋採光、通風皆不良，樓梯又陡又窄。"

"但窗外景致好美，我真捨不得放棄啊！"

Before story

　　這棟房子為狹長形結構，僅有前後採光，從客廳窗外看出去即使有山景，可是窗戶比例小，無法彰顯戶外環境優勢，也因此導致房子陰暗、悶不通風，另外，客餐廳呈高低錯落，樓梯陡又窄，客廳屋高竟達四米二，真是非常棘手的格局。

Before

救援大重點【狹長屋】
擴窗引光

救援王・
柯竹書
大湖森林室內設計
02-26332700

增設樓梯打造空中圖書館

 格局第一步idea

"開設落地窗讓景致進來，加上客廳建構樓梯變成書牆，一點也不浪費挑高空間的優勢。"

After story

　　設計師拆除客廳前方陽台的水泥實牆改為大面落地窗設計，讓視角擴大延伸至遠方山景，一併攬進充沛光線、空氣對流也變好了，接著沿著客廳挑高主牆施作大面書櫃，利用柚木集層材、工字鐵、清玻璃結構搭建出樓梯以及高度達170公分的走道平檯，小朋友還能在走道上畫畫、玩耍，成為孩子們嬉戲玩鬧的圖書館。

After

・坪數：80坪　・室內格局：三房兩廳、工作室　・居住成員：夫妻、2女

真沒想到狹長老屋也能重獲明亮春天，像做夢一樣！

拯救【狹長型住宅】格局

case95

 看屋第一眼OS

"老家格局是傳統老街屋，實在很舊又陰暗。"

"隔音差、格局和收納都不適合年輕一輩的需求。"

Before story

　　這座僅前後採光的18坪狹長型街屋，位於傳統市場巷弄內的40年老公寓內，漏水嚴重，典型無自然採光，木板隔間令市場的吵雜聲不絕於耳，受限於兩房的格局也讓空間變得狹隘、壓迫，加上屋主的職業是平面設計師，更希望有足夠的收納並且可以陳列設計的可能。

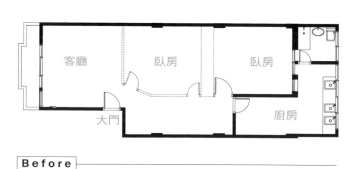

客廳　　臥房　　臥房

大門　　　　　　廚房

Before

救援大重點【狹長屋】
分成前台與後台

救援王‧
包涵宥
二水建築空間設計
02-23671521

舞台概念讓公私機能更清楚

 格局第一步idea

"把陽台內縮之後，空間光線更明亮了，一道大拉門也靈活的讓空間分出公私領域。"

After story

　　設計師提出「劇場式的生活容器」概念，首先將陽台內縮，隔絕市場的味道與聲音，前台包括陽台、客廳兼工作間、餐廳、開放廚房等「序列式」公共空間；後台是臥室、更衣間、浴室等「L型式」私密空間。此外，以一道拉門決定整體空間與動線的全然開放或隱蔽，讓廊道（客廳、餐廳）成為展示生活品味的藝廊。

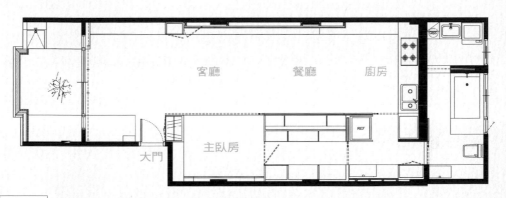

客廳　　　餐廳　　　廚房

大門　　　主臥房

After

‧坪數：18坪　‧室內格局：一房兩廳　‧居住成員：1人

真沒想到狹長老屋也能重獲明亮春天，像做夢一樣！

拯救【狹長型住宅】格局

case96

⊖ 看屋第一眼OS

"大門與客廳位於長型屋的中央，是最沒採光之處。"

"不常使用餐廳，所以可以併入廚房裡考慮。"

Before story

此戶長型屋因為客廳位置遷就大門入口的關係，勢必得配置在房子中央的無採光處，如何讓採光走進客廳？便是最先要透過格局改善的問題，此外，屋主夫妻沒有使用餐廳的習慣，平常很簡便就在客廳邊看電視用餐，如何將餐廚有效利用、節省空間，是第二個須解決的問題。

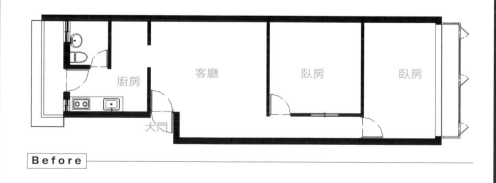

Before

救援大重點【狹長屋】
玻璃門引光

HELP 救援王·
王文凱·皓棋設計
02-29620528

廚房不擋光，顯現客廳開闊感

 格局第一步idea

"客廳雖然在中央，但廚房、後陽台都以玻璃隔間引光，解決昏暗客廳問題。"

After story

　　設計師提出用雙通道玻璃拉門向廚房空間借光引入客廳的計畫，巧妙將鞋櫃與櫥櫃整合成一個量體，成為一個引導動線的樞紐玄關，同時身兼廚房區的餐廳主牆，如此一來這塊置中的量體區隔出兩條通道可以大量引進光線。而為了更凸顯客廳的開闊，將餐廚空間整合在一起，可以有效利用原先浪費的廚房走道空間。

After

·坪數：22坪 ·室內格局：兩房兩廳 ·居住成員：夫妻

真沒想到狹長老屋也能重獲明亮春天，像做夢一樣！
拯救【狹長型住宅】格局

case97

看屋第一眼OS

"明明擁有面河的景觀，但受限於狹長的格局而看不到。"

"擁有邊間的優勢卻仍然白天要開燈，實在不明白。"

Before story

　　此戶位於淡水河畔的邊間老屋，採光卻只來自前後，因為中段的客廳被隔間牆阻擋，白天幾乎也是陰暗狀態，唯一面對淡水河的房間只有半截採光窗，造成室外光線無法充分進入室內，形成在屋內也無法觀賞到外面風景的尷尬狀況，加上老屋缺乏完善的收納規劃，造成空間中雜物堆積，凌亂感讓人在家也無法放鬆心情。

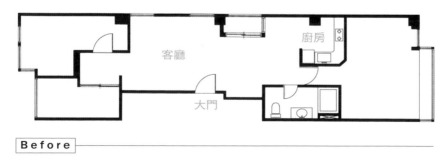

Before

救援大重點【狹長屋】
透明浴室不擋光

救援王‧
李文心‧傳十設計
02-28881502

開放空間不設櫃，讓光線貫通

 格局第一步idea

"長型屋內沒有任何櫃體阻擋光線，就連浴室也變成透明，整個房子都明亮清爽起來了。"

After story

　　設計師拆除隔間讓廚房、餐廳、客廳完全開放，面河的房間則改為觀景區，不僅光線被引進來，架高臥榻更創造了一個絕佳的觀景角落；浴室移到中央改為透明玻璃湯屋，藉此將前後空間的視野打通，光線也能盈滿全室。而不採用任何的實體隔間的概念，讓收納櫃一律沿著牆面，讓每一面牆都像圖書館一樣，讓屋主隨處可閱讀。

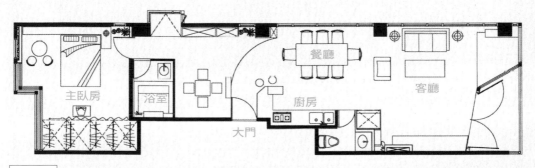

主臥房　　浴室　　餐廳　　客廳　　廚房　　大門

After

‧坪數：25坪　‧室內格局：一房兩廳　‧居住成員：夫妻

真沒想到狹長老屋也能重獲明亮春天，像做夢一樣！

拯救【狹長型住宅】格局

case98

⊖ 看屋第一眼OS

"有四房的格局，但都擺張床就滿了，要怎麼住啊！"

"冗長的走道應該怎麼規劃才不浪費。"

Before story

　　此戶為新成屋而非老屋，卻有著比老街屋還要狹長的格局，不但餐廳位於走道與房間門的中央，影響廚房和進出臥房的動線，建商還為了增加房間數而隔出四房，導致每一間房都只放得下單人床，更無法增加收納空間，超級狹長的格局形成空間冗長的走道，浪費中段空間的使用機能十分可惜。

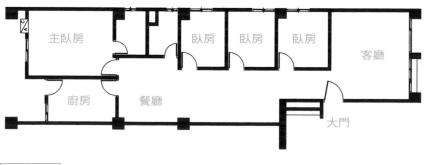

Before

救援大重點【狹長屋】
走道變書房

救援王・
吳承憲・太河設計
02-28488956

四房改三房，過渡空間變成閱讀區

 格局第一步idea

"原來只要把中段空間規劃成閱讀區，就能讓狹長感消失，空間更好用了。"

After story

　　設計師化解冗長的走道的辦法就是將走道規劃為開放式的書房，搭配層板書櫃增加功能，滿足兩個小孩同時閱讀的需要，餐桌移到廚房外改為靠牆擺放，則不會再影響進出臥房的動線，最後將四房空間改為三房的規劃，不僅更符合屋主一家四口的需求，也讓房間更為舒適寬敞。

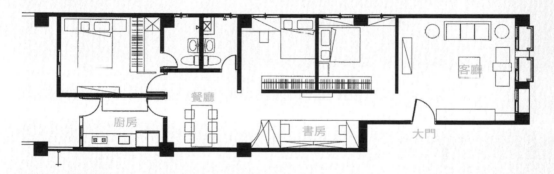

After

・坪數：33坪 ・室內格局：三房兩廳 ・居住成員：夫妻、2子

233

真沒想到狹長老屋也能重獲明亮春天，像做夢一樣！

拯救【狹長型住宅】格局

case99

⊖ 看屋第一眼OS

"這個房子太狹長了，又只有一面採光。"

"我不要房子裡出現陰暗的走道啊！"

Before story

　　此戶老屋已有15年，雖然原本的屋況雖不錯，沒有漏水或壁癌的問題，但因為長型透天厝的關係，僅前方有陽台採光，所以整個空間光線不足，容易有陰暗死角產生，而且才17坪，卻要滿足屋主期待的兩房一廳兼一個小吧檯可以簡單料理的夢想。

大門

Before

救援大重點【狹長屋】
讓走道消失

HELP
救援王·
王思文、汪忠錠
摩登雅舍室內裝修設計
02-22347886

電視牆前移，波浪地板消弭走道感

 格局第一步idea

"波浪線條的架高地板巧妙把書房藏於電視牆後方，擔心的走道問題完全化解。"

After story

　　設計師保留唯一採光的陽台，利用玻璃格子門做為主臥房與客廳的隔間，將光線能大量引進空間裡，開放式書房規劃於電視主牆後，以波浪線條的架高地板區分書房與客廳，同時波浪線條也破解了原來房子過於狹長的動線，就像走道消失了一樣。

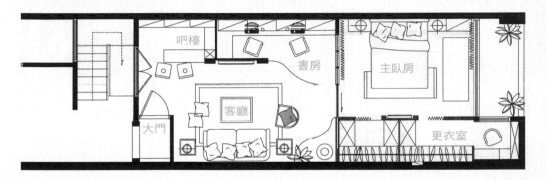

After

・坪數：17坪　・室內格局：兩房一廳　・居住成員：夫妻

只要把餐桌加長一點點就能讓走道消失
提升空間格局的舒適度就這麼簡單

一個舒適放鬆的空間設計，主要來自於因應不同家庭成員的作息、互動模式、關係，
配置適宜的公私場域比例，材質並非要溫暖的木頭才能放鬆，
在比例拿捏下，運用鏡面、鐵件更能襯托木紋的暖調特性。

Q1:
什麼樣的材質搭配才能讓人感到放鬆？

A:

對比反差更能感受暖度→有比較才突顯

一般認知鏡射材質，如玻璃、鐵件、鏡面感覺冷冽、華麗，較難以觸碰，其實透過適當
比例運用，當溫暖的木頭肌理與玻璃、鏡面結合產生的對比反差，越能突顯木頭的暖度，如
全然地使用木頭，且大量成為立面結構，反倒會帶來壓迫感。若喜歡木紋花色，卻無法接受
紋理觸感，也可利用玻璃作為表面介質，同時在木頭、玻璃之間加入燈光，帶出現代又溫暖
的空間氛圍。

Q2:
什麼樣的空間格局會讓人感到舒服？

A:

互動性、成員、習慣構成動線旅程→檢視生活習慣

空間尺度的舒適性來自於很多因素，使用者人數、使用者關係、彼此的生活作息、互動
方式等等，來設定屬於屋主的格局DNA。

舉例來說，年輕夫妻下班回家後喜歡一起待在客廳看電視、吃飯、聊天，臥室是單純的
休憩功能，對他們而言，公共區域的比例勢必要大一點，但是對三代同堂的結構來說，晚餐
過後，夫妻倆回到臥室，享受兩人的獨處時光，臥室機能不單單只是睡覺，還會包括書房、
起居等需求，這時候臥室的空間感就得預留大一些。

空間線條的整合→注重延續性

影響房子高度的關鍵往往來自空間線條，在開放廳區的結構下，一致性的地坪材質，天
花板卻刻意以造型劃分，無形當中造成視覺的中斷，空間反而感到凌亂，另外像是立面線條
的整合也很重要，當空間的垂直、水平向度具延續性，自然會讓人有放大、寬敞的舒適感。

Q3:
如何藉由燈光表現空間的溫暖柔和？

燈光層次→點線面配置

    燈光是空間組成非常重要的一部分，光線的層次來自於三個要件，色溫、發光的方式、配置的區域。簡單來說，根據投射物件、活動行為決定配置的方式，燈光和空間一樣具備點線面概念，公共區域最重要的主牆，如並非重度閱讀需求，利用點狀光源Spotlight，光線會產生兩種效果，反射人影以及其他空間，再搭配一盞立燈或檯燈，提高一些亮度；如希望加強天花板的延續性，串連開放空間，便可以利用帶狀暈光勾勒，強化空間的線條感；假如決定一個牆面要掛畫，可藉由鹵素投射燈光，並因應畫作的寬幅尺度做10度角、30度角或60度角的改變。

天地對應關係→避免壓迫感

    很多人都忽略天花板的燈光安排，假如將空間反過來看，天花板就是地面，過多的嵌燈配置，其實會造成視覺感官的壓迫不適，同時也必須思考活動行為，尤其是餐桌天花燈光，更要避免投射至臉部、頭部、手部。

Q4:
舒適的公共空間家具應該怎麼配？

大比例餐桌→走道消失的祕訣

    家具量體對比空間來說，比例通常是比較矮的，高度不會超過空間的一半，將家具視為空間的一部分，只要比例拿捏得好，能夠達到延伸放大的效果，客餐廳之間經常存在著的走道，當配上一張大比例餐桌，幾乎快要延續至走道的做法，走道也巧妙地囊括成為餐廳。

多元組合的321概念→大人、小孩同樂

    台灣人的情感連結強烈，過去多以321成套沙發組成，但是真正朋友、家人到訪的時間不多，成套沙發反而淪為堆放雜物，以及顯得佔據空間，將321的觀念予以保留，如為小家庭結構，主沙發搭配兩張單椅，加上兩人座長沙發，可躺可坐，配上兩張凳子，凳子能組合成一張茶几，平常也能輕鬆地看電視墊腳使用，根據成員的增減作組合運用。假設為三代同堂型態，主沙發建議維持長向三人座，旁邊再搭配單椅、椅凳，空間感更為寬敞，椅凳也非常適合喜歡到處玩耍的小朋友使用。

一個人住也要寵愛自己多一些！

拯救【超悶單身】格局

case100

看屋第一眼OS

"客餐廳很寬敞，但客浴位置既小又卡在中間很礙眼。"

"開放式廚房與餐桌該怎麼規劃，才不顯得擠？"

Before story

此戶原有的格局十分方正寬敞，公共空間除了客廳之外，屋主還希望能納入書房的功能；開放的餐廚設計也能在原格局中得到很好的發揮。唯一美中不足的只有客浴面積相當小，位置又卡在客廳與餐廳中間，形成無用的缺角空間，相當浪費。

主臥房

客浴

客廳

廚房

大門

Before

救援大重點【一人住】
客浴拆解

HELP 救援王．
王俊宏
王俊宏室內裝修設計
02-23916888

客浴面盆獨立於外，提升生活方便性

 格局第一步idea

"將原來狹小客浴內的面盆解放出來，反而成為客餐廳裡的裝置藝術，客浴空間也舒服多了。"

After story

利用原有格局來自兩邊的好採光，將客廳、餐廳、書房、廚房以及客浴面盆區皆採用開放設計，讓自然光源與空間感能無阻礙地互相穿透，營造出明亮自在的開闊氣勢，尤其是獨立於客浴外的洗手檯，不但補足了原來缺角的動線，洗手檯上方的圓鏡附有有LED 燈光效果的時鐘，除了提供報時功能外，也是入夜時分最便利的小夜燈。

After

．坪數：30坪 ．室內格局：兩房兩廳 ．居住成員：1人

一個人住也要寵愛自己多一些！

拯救【超悶單身】格局

case101

○ 看屋第一眼OS

"這房子陽台和浴室都在中間，廚房和餐廳怎麼擺都不對。"

"很想要餐廳，但又希望不要太傳統、太居家的樣子。"

Before story

　　這是一間擁有河岸美景且位於交通熱線上的住商兩用房子，單身的屋主希望這個20坪空間能滿足當下生活所需的質感，又能為將來脫手、出租增值。所以公共空間的規劃需要滿足住辦合一的使用機能，臥室則可以提供居住或是作為辦公室使用的變更彈性。

客廳　　廚房　　主臥房

大門

Before

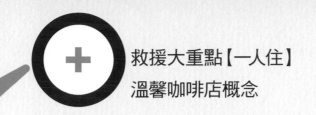

救援大重點【一人住】
溫馨咖啡店概念

救援王·
陳焱騰
a space design
02-27977597

開放廚房增添明亮，住辦通用好轉手

 格局第一步idea

"把佔空間的大餐桌變成咖啡桌尺寸，搭配開放式廚房，在家就像在咖啡店般溫馨。"

After story

　　將靠近陽台入口的地方規劃為開放式的廚房，令整個家變得明亮開朗，各個角落都能看得到陽光，廚房旁咖啡桌兼餐桌的尺寸安排，日後若改為商用空間，餐廳區就是接待、商討的軟性空間。臥房一半是寢區、一半是起居區，日後若轉手，起居區可變更為主管室的會議區，若作為住宅使用也能改變為更衣室、親子空間等等，彈性極大。

客廳　廚房　REF　主臥房　餐廳　大門

After

・坪數：20坪　・室內格局：一房兩廳　・居住成員：1人

241

一個人住也要寵愛自己多一些！

拯救【超悶單身】格局

case102

⛔ 看屋第一眼OS

"這個老舊房子僅有小窗採光，讓人感受不到戶外的優點。"

"太多隔間與三房格局，對於一人住而言太複雜了。"

Before story

　　屋主當初買下這裡，主要是喜歡它鬧中取靜，周邊還有奢侈的山景環抱，不過老舊斑駁的超齡屋況讓屋主心裡真是七上八下，潮溼、嚴重白蟻問題令現場險象環生，過多的隔間與目前一人住的需求不符，屋子依賴前後段採光，窄小的開窗形式更讓問題雪上加霜。

主臥房　臥房　客廳　廚房　大門

Before

救援大重點【一人住】
開窗陽光屋

救援王・
王鎮
集集國際設計
02-87738928

開放生活格局，引光穿梭內外

格局第一步idea

"拓寬原有的小窗戶，重新將光線、景致邀入室內，現在待在家就可以享受日光浴了。"

After story

為了符合屋主單身居住的實際需求，設計師首先將原來屋中所有不當隔間與過時裝潢拆除，恢復健康的空間體質，再以開放式生活場域，讓充滿活力的鮮色主牆客廳被連續的明亮窗景包圍，沙發後方陽台以陽光屋的形式納入室內，舒適的臥榻設計讓戶外的美景彷彿伸手可及，整體看來明亮又寬敞。

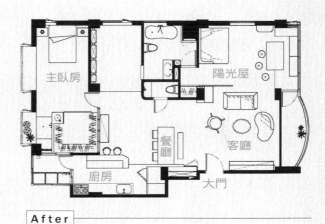

After

・坪數：40坪 ・室內格局：兩房兩廳 ・居住成員：1人

一個人住也要寵愛自己多一些！
拯救【超悶單身】格局

case103

看屋第一眼OS

"我以為30坪很大了，沒想到空間還是感覺好小。"

"尤其是浴室卡在兩房中間，根本沒辦法讓我泡湯。"

Before story

　　屋主交屋後發現這個房子遠比想像中小很多，原始的浴室充其量只是標準配備而已，空間不大又因為夾在房子中間，沒有戶外景色可看，就算原地拓寬也不能滿足屋主對湯屋的期待。此外，沒有玄關區分內外空間，不但收納不方便，鞋子可能必須散落一地，對單身居住者來說也會比較沒有安全感。

Before

救援大重點【一人住】
客房變湯屋

救援王‧
丁薇芬
丁薇芬設計工作室
0960-728560

墊高地面打造獨享湯屋

格局第一步idea

"我最喜歡的湯屋風情，原來也可以複製到家中，還能一邊泡一邊賞景。"

After

・坪數：20坪 ・室內格局：一房兩廳 ・居住成員：1人

　　屋主本身就是泡湯達人，所以新家一定要有可以看見窗外的泡湯設備，設計師在不更動浴室位置的情況下合併客房改成泡湯區，以抿石子墊高地坪，一方面讓浴池排水正常，一方面有窗外的景色可看，透過玻璃窗還能看見客廳電視。另外，在空間中央設置親手設計的燈牆隔屏，再將大門左右兩側的櫃體增加側板，就形成完整的玄關，增加住家無形的安全感。

245

一個人住也要寵愛自己多一些！

拯救【超悶單身】格局

case104

 看屋第一眼OS

"建商規劃的廚房都一樣，總是被規劃在角落。"

"雖然我少下廚，但我還是想要可以當工作桌的大吧檯。"

Before story

原始三房兩廳的新成屋，由於屋主是一個人住，對於餐廳的需求性並不高，但因為從事教職的關係，反倒希望能有一個兼具工作區與用餐的吧檯，原有的廚房不但封閉又小，只有一字型檯面需面壁使用，完全不適合喜歡與朋友互動的屋主。

臥房　臥房

廚房

客廳　主臥房

大門

Before

救援大重點【一人住】
家中工作室

救援王・
謝維超
雲墨空間設計
02-26209190

檯面大轉彎，變出工作桌與餐桌

格局第一步idea

"把廚房從封閉變成開放，
不但檯面可以工作，還能一
面下廚一面和朋友聊天。"

After story

　　設計師將原本獨立在角落的廚房向外
開放，冰箱設備位置同樣轉向移出，「雖然
屋主不常做菜，但其實拿取飲料、水果的
頻率反而很高，所以我特別把水槽的位置改
為面對客廳，朋友來坭的時候也不會中斷聊
天。」設計師補充說道。另一方向，捨棄餐
桌改採L型大吧檯，提供用餐、工作使用，
刻意斜切的角度讓目光自然順著線條游走，
空間看起來更大。

After

・坪數：30坪　・室內格局：兩房兩廳　・居住成員：1人

一個人住也要寵愛自己多一些！

拯救【超悶單身】格局

case105

看屋第一眼OS

"雖然有獨立廚房，但還是希望能擠出地方擺吧檯。"

"一個人也用不到四間房，可以挪一間做彈性空間。"

Before story

　　屋主長時間都在世界各地出差，一、兩個月才會回到家中住上幾天，原始格局每間房間平均不到2坪，浴室更狹小擁擠，對住慣精緻飯店的屋主來說格外不習慣，尤其他喜歡蒐集各國不同的酒款，更希望在有限的格局裡再增設一個能和朋友小酌與展示酒瓶的角落。

Before

救援大重點【一人住】

男人居酒屋

救援王·
張榮豐
時位空間設計
04-35031318

藍色燈光吧檯與和室，最佳放鬆角落

 格局第一步idea

> "在吧檯倒杯酒之後，和好友們移步到一旁的臥榻上聊天，大家都愛上我家舒服隨性的氣氛。"

After story

屋主希望回國渡假時，在家裡小酌隨時能有不一樣氣氛，於是設計師利用入口的轉角牆設計L型小吧檯，展示櫃下方埋藏藍色間接燈光，讓屋主一個人長途旅行後回到這裡喝杯小酒，分外自在。一旁拆除隔間牆內縮的房間則搖身變成榻榻米和室，當屋主和三五好友聊天談心，這裡又像是男人間的居酒屋，架高的和室地板下方更添加實用的收納機能。

After

· 坪數：35坪 · 室內格局：四房兩廳 · 居住成員：1人

一個人住也要寵愛自己多一些！
拯救【超悶單身】格局

case106

看屋第一眼OS

"我一個人用的客廳太大了，我寧願多隔一間專屬書房。"

"主臥房與浴室形成很多直角，感覺很浪費空間。"

Before story

　　屋主買的是新成屋，希望能在低限度的變動、合理的預算之下完成裝修，一方面又希望很有設計感。此戶原有客廳比例較大，最好能增加書房機能，加上主臥房與浴室為迂迴的直角動線，造成空間的浪費，26坪必須安排三房兩廳的前提下，比例的處理更要避免壓迫。

主臥房

臥房

客廳

廚房　餐廳

大門

Before

救援大重點【一人住】
溫馨個人書房

救援王・
江欣宜・繽紛設計
02-87875398

新古典手法，打造小巴黎風情

👍 格局第一步idea

"將客廳一半分給書房卻不覺得客廳變小，都是因為電視牆兩側玻璃窗延伸了視線。"

After story

　　設計師為了營造新古典氛圍及兼顧屋主需要的格局，以電視牆為隔間劃分出書房，電視牆兩側對稱的玻璃窗可望進書房，讓空間有延伸的效果，書房的書櫃有如嵌入壁面的畫框，加上訂製臥榻的搭配，也釋放出更寬敞的空間感；此外，將主臥房門移位，既可擴大主臥室空間，衛浴入口亦可與牆面呈一致水平，空間獲得完整的利用性。

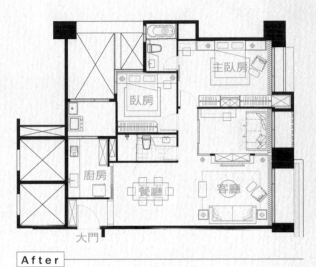

After

・坪數：26坪 ・室內格局：三房兩廳 ・居住成員：1人

一個人住也要寵愛自己多一些！
拯救【超悶單身】格局

case107

⊖ 看屋第一眼OS

"手槍型格局讓客廳變得好窄，還要兼餐廳使用可能嗎？"

"兩個小房間也無法容納一家人睡。"

Before story

　　此屋有如一把手槍的平面，廁所剛好在板機位置，受限於管道間因素，格局沒有改善的機會，再加上採光、通風只留在房間與廚房，令客廳成為暗房，尤其客廳淨寬只有2.45m，進門又直接對到廚房的窗戶，令人感覺不舒服。特別的是這是家族回台灣的臨時住房，居住人數從1人到多人，「彈性」成為此戶設計的一大重點。

廚房　臥房　臥房

客廳

大門

Before

救援大重點【一人住】

客廳就是餐廳

救援王・
翁振民
幸福生活研究院
02-23936013

彈性家具與拉門，放大空間感

 格局第一步idea

"透過訂製家具讓小客廳能容納多人用餐真方便，臥榻的和室規劃也能全家一起睡。"

After story

因為客廳很窄又需要多人座位，所以設計師捨棄傳統客廳配置，利用訂製家具設計一組加長版4人座沙發配上長餐椅，即可成為6人用客廳，用餐時打開折疊餐桌又變成6~8人使用的餐廳。另一方面將緊鄰廚房的臥室改為架高和室，不但可當多人睡的通舖使用，透過活動拉門隔間，更打破房間與走廊的隔閡，放大空間感。

After

・坪數：13坪 ・室內格局：一房兩廳 ・居住成員：1人

一個人住也要寵愛自己多一些！

拯救【超悶單身】格局

case108

⊖ 看屋第一眼OS

"進門處有一個房間大小的空間，當客廳太小、當儲藏間又太大。"

"三個房間都過小了，我想要大一些的主臥房。"

Before story

此戶十幾年屋齡的房子已經產生壁癌、滲水狀況，前屋主將此屋做為工作室機能，久而久之變成堆放雜物，屋子看起來更凌亂；雖然規劃了三個房間但坪數都不大，浴室更狹小擁擠，對於剛買下這房子的單身女主人而言，空間無法妥善被運用。

工作室

大門

Before

救援大重點【一人住】
空地變藝廊

救援王・
劉榮祿・詠翊設計
02-27491238

電視架取代電視牆，樂趣無界線

 格局第一步idea

"透過旋轉電視讓兩邊空間都可以靈活運用，進門處掛上相框變成朋友來訪一定要參觀的藝廊。"

After story

改變此屋格局的最大重點在於設計師捨棄傳統電視牆的阻擋，讓電視以一根旋轉柱子取代，省下兩面牆的空間，讓客廳與進門空地產生連結，帶來寬敞的視覺效果，也打破空間的單一功能，當朋友聚會時無須受限坐在沙發，電視轉個方向，客廳和藝廊串聯變身大娛樂場，玩wii或是看電影都很適合。

After

・坪數：45坪　・室內格局：兩房兩廳　・居住成員：1人

一個人住也要寵愛自己多一些！

拯救【超悶單身】格局

case109

看屋第一眼OS

"這房子的格局居然是三角形，大門還開在中間。"

"而且斜邊的牆擺上床，客人都不知怎麼走去廁所。"

Before story

此戶位於邊間的房子有兩面採光的優點，但缺點就是格局是奇怪的三角形，加上漏水、樓層高度低有壓迫感，讓人看第一眼就想放棄，尤其屋主除了自住要隔出一房一廳之外，又想當做工作室與小型會議使用，更讓空間需要具備可靈活變動的彈性。

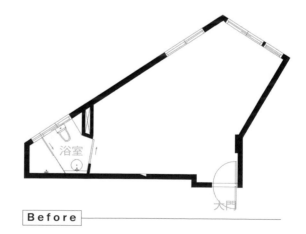

Before

浴室

大門

救援大重點【一人住】
機關床設計

救援王・
馬昌國・俱意設計
02-27076467

把床變不見，住宅變身工作室

 格局第一步idea

"**利用掀床的五金設計讓床可以闔進牆面，空間立刻變得十分寬敞，客人來也不覺得擠了。**"

After story

讓人一看就搖頭的格局在設計師手上又重新復活！設計帥先以一道活動式的拉門區隔出一房一廳，接著利用可掀式的機關床設計，讓屋主平常白天可將床藏進壁面、敞開拉門，空間的寬闊感立現，搭配客廳以旋轉電視架、活動家具規劃，讓空間隨時可依人數調整座位做簡報與開會。

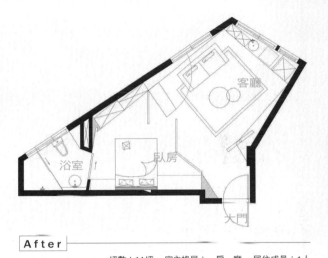

After

・坪數：11坪 ・室內格局：一房一廳 ・居住成員：1人

一個人住也要寵愛自己多一些！

拯救【超悶單身】格局

case110

看屋第一眼OS

"雖然不常下廚,但一字型的廚房也太小、太難用了。"

"冰箱卡在路中間,每一樣廚房電器都要搬來搬去才能用。"

Before story

小坪數的夾層空間將廚房規劃在進門處,簡易的一字型廚房設計,收納空間明顯不足,廚房小家電只能一直往旁邊樓梯下方的櫃子堆疊,每次使用都要搬上搬下極為不便,冰箱也沒有妥善的位置,霸佔廚房一角令動線更為擁擠了,更別說夢想希望的餐桌區,在原始格局幾乎是不可能的事。

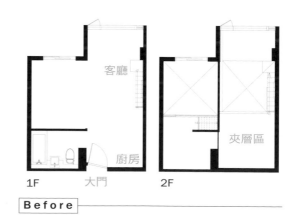

1F 　　大門　　廚房　　　2F

Before

救援大重點【一人住】
日光咖啡屋

廚房加長為L型，伸縮餐桌不佔空間

　格局第一步idea

"加長廚房檯面與增加獨立電器櫃之後，廚房收納性提高，更多出空間可以擺餐桌了。"

After story

　　將原先的一字型廚房空間改為L型，大大的增加了廚房的收納性，冰箱與小家電也有了電器櫃可置入。此外，因為將沙發轉向之後讓出部份空間，設計師特別設計了可伸縮收闔的餐桌，可隨人數安排2~4人坐，令小坪數空間的廚房、餐廳與客廳更互通成寬敞明亮的空間。

After

· 坪數：10坪 · 室內格局：兩房一廳 · 居住成員：1人

老屋格局改造高手 美麗殿設計團隊

浴室 + 廚房 + 走道關鍵擊破

從家中三大動態空間先下手

拯救不良老屋竟這麼簡單

01.

將動態空間的考量優先於靜態空間

　　相對於多人輪流使用的動態空間，如廚房、浴室、走道等地方，靜態空間就是指臥房、書房等個人使用的地方，美麗殿設計團隊認為，需要翻修的老屋格局因應當年人口結構與生活習慣，規劃格局時常常忽略動態空間，例如浴室只要放得下馬桶就好、媽媽總是在又熱又窄的廚房裡做菜、冗長且陰暗的房間走道等等，歷經時代的變遷，這樣的格局概念早已和現代人生活脫節，這就是老屋必須要翻修的原因，而祕訣就在將動態空間的考量優先於靜態空間，率先重整浴室、廚房、走道三大區域，就能加倍提升空間的舒適性。

HELP

救援王>>美麗殿設計團隊
美麗殿設計
電話：02-27220803
地址：台北市光復南路
547號5樓之3
網站：www.lmad.com.tw

想擁有舒適寬敞的浴室，就先擴大檯面。

　　根據美麗殿設計團隊翻修過達300間住家的經驗中統計，不良浴室經常是屋主想重新整修房子的動機，過去的住宅設計最不重視的便是浴室，經常將剩下的、畸零的角落留給浴室，但隨著舒壓、放鬆概念的流行，狹小浴室已經無法滿足現代人對於浴室的渴望，改造浴室成了格局改造的第一步。

改造重點 *1.*

乾濕分離就對了！

　　將浴室的淋浴功能與面盆、馬桶分開的作法，便是最基本的乾濕分離設計，可藉由淋浴間或浴缸上結合淋浴拉門來處理，以四件式(浴缸、面盆、馬桶、淋浴拉門)為基本配備，若空間許可，將客浴的洗手檯獨立於浴室外，也是逐漸受到屋主歡迎的作法。

改造重點 *2.*

擴大檯面就對了！

　　現代浴室和傳統浴室最大的不同就是洗手檯，以往浴室規劃又小又濕，總是一個白瓷面盆靠牆放就解決，但隨著乾濕分離的趨勢，洗手檯不再濕答答，更能以大理石加長檯面結合浴櫃、鏡框、壁燈，打造成充滿飯店級質感的衛浴空間，無形間也擴充了浴室的收納性。

改造重點 *3.*

升級設備就對了！

　　衛浴空間除了滿足基本的洗澡需求，隨著屋主們對於生活享受的提升，浴室內的設備也會隨之升級，例如按摩浴缸、蒸氣室、暖風乾燥機、電熱毛巾架等等，甚至搭配影音的娛樂需求，讓浴室成為家中的享樂天堂。

改這裡，生活更方便。

在容易經常被使用的客廁空間，可以將洗手檯面獨立於浴室外，讓家人與客人更方便洗手，不會因為有人在使用廁所時同時佔去檯面空間。

加大的雙人檯面大大提升空間的舒適度，搭配大面鏡框與壁燈，呈現飯店級的浴室氛圍。

拯救廚房就等於拯救餐廳，
拯救餐廳等於讓客廳煥然一新了。

雜亂廚房
out

「家中混亂的源頭是廚房收納不足！」因為當廚房沒有地方擺放生活用品時，人們的習慣就會往餐桌上放，所以會看見餐廳裡有冰箱、餐桌上有電鍋、烤箱、微波爐，甚至檯面變成擺放奶粉、茶具、水壺等等的雜物，最後餐廳太擁擠，全家只好改到客廳去吃飯配電視，家無形中就變亂了。所以老屋翻修時最要注意的事，就是規劃一間收納充足的廚房空間。

改造重點 1.

電鍋、熱水瓶放哪裡？
→ 廚房收納是關鍵。

要解決家中亂象，需從廚房下手，除了要注意烹調時冰箱→水槽→爐具的動線流暢度之外，家電櫃也是廚房必要的設計，包含電鍋、微波爐、烤箱的散熱問題，咖啡機、熱水瓶、果汁機等等小家電的收納與插座位置，還有儲存食材、罐頭等好拿取的收納空間，當生活用品不會從廚房蔓延到餐廳，居家空間就能夠更容易維持整齊了。

改造重點 2.

你揮不去廚房的油煙味嗎？
→ 煮飯關窗是關鍵。

許多人對於開放式廚房總是既期待又怕受傷害，尤其家中長輩最擔心中式的烹調方式會產生太多油煙，為此美麗殿設計團隊特別指出，並不是封閉式的廚房就不會有油煙外溢的問題，重點是你開排油煙機時應該關窗！如果沒有關掉廚房窗，那麼排油煙機抽到外頭的煙很容易又進到廚房內變成循環，也就容易飄溢到餐廳和客廳去了！所以即便是開放式的廚房空間，只要在炒菜開排油煙機時，關起廚房的窗、打開客廳的窗，讓空氣從客廳流向廚房把油煙帶進排油煙機中，自然聞不到油煙味囉！

改造重點 3.

你尋找完美的廚房動線？
→ ㄇ字型是關鍵。

最完美的廚房規劃是ㄇ字型廚房，美麗殿設計團隊表示，ㄇ字型廚房最能夠節省烹調時的行走動線，讓物品都在轉身處可以取得，另一方面也可以規劃較足夠的電器櫃、工作檯面。尤其是現代廚櫃設計的美感性強，與餐廳之間可規劃雙扇玻璃、鏡面拉門的活動隔間，平時打開可讓餐廚空間感擴大，闔上時也能成為餐廳獨特的牆面裝飾。

每個人都討厭的走道不如放寬它吧！

　　要解決討人厭的走道問題的方法有二，一是大動隔間，將100cm走道放寬至200cm變成餐廳，使餐廳成為環繞動線的中心，就能消弭走道感；另一個方法就是微調走道寬度至130cm，增加走道的附加功能，讓家多出另一個休閒的第三空間。

改造重點 1.

放寬30cm，窄走道變身家中藝廊

　　通往房間有無法避免的走道，除了將廚房移位、中央的房間撤掉做為餐廳來調整動線之外，將客廳與餐廳之間走道擴大為130cm，搭配牆面裝飾掛畫、相框或間接燈光等等，讓這個過渡空間變家中美麗的風景。

Before ─── **After** ───

改造重點 2.

退縮55cm，罰站型陽台變身露天咖啡座

　　一開始被屋主嫌棄這個只能罰站用的小陽台，牆面內縮後退55cm，讓屋主多獲得一個喝茶賞景的休憩空間，客廳多了視覺延伸的空間感，生活起來也舒服多囉！

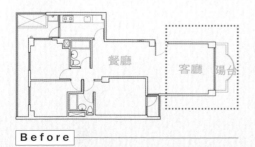

Before ─── **After** ───

老屋格局改造高手　王俊宏

修正樓梯 + 餐廳 + 衛浴的格局缺點
重整天地壁結構，建立舒適動線
四十年老屋的回春計畫

02.

從結構的改造，連帶解決格局與屋況缺點

現今面對新屋房價、公設虛坪比例的居高不下等問題，老屋遂成為屋主購屋時的主要選擇，因為與其花錢買公設，不如花錢做結構、管線的基礎工程，而且還有周邊環境與交通便利的加乘。

建議屋主在購得老屋時，需請專業的設計者透過設計、規劃，做好管線、格局、防水、採光等基礎工程規劃，讓空間格局與動線更貼近生活。除了光線、動線的規劃外，結構性的基礎工程也是必須注意的。尤其是三、四十年的老屋格局，尤其更應該注意結構性的問題，最常遇到的莫過於天花或地板的傾斜問題，再來便是牆面、樑柱、樓梯等垂質動線的規劃問題，一旦結構性的問題有效獲得解決，空間本身的格局是否開闊、連貫、及採光、通風是否良好、防水是否確實等問題將獲得有效的改善。

HELP

救援王>>王俊宏
王俊宏室內裝修設計工程有限公司／森境建築工程諮詢有限公司
電話：02-23916888
地址：台北市信義路二段247號9樓
網站：www.wch-interior.com

老屋內的樓梯，是第一個要更改的結構。

王俊宏設計師表示，樓梯所在位置不對，就容易造成空間動線不佳，而樓梯本身也易產生侷促、陰暗等問題，所以這部分在遇到老屋的建築形式時，就形成一定要做更改的結構部分。不管是樓梯本身的寬度加寬、或踏階、扶手材質更換、位置方向的改變，都能化解空間格局、動線不良等問題。

改造重點 **1.**

上下樓層間的動線不佳？
→樓梯位置是關鍵。

　　原始樓梯動線，必須要走很久才會到達上層或下層空間；於是在設計上，為了不使上下樓梯時產生疲憊感受，遂透過樓梯的二折式設計，縮短行動距離，同時利用轉折的分段點，形成一個個區域的延伸，或者形成暫時停留的一小片風景，促成空間豐富的旨趣。

改造重點 **2.**

傳統樓梯設計笨重又壓迫？
→使用材質是關鍵。

　　樓梯部分在設計上，摒除傳統其量體所使用的材質與形意上產生的笨重以及壓迫感受；改以鐵件、木作、玻璃等媒材，引申出輕盈、通透的意象，成為空間裡的視覺焦點，以及連絡上下樓層垂質動線的的主軸，運用穿透、延伸的視覺效果，強調空間開闊的意趣。

改造重點 **3.**

樓梯令空間感不足怎麼辦？
→玻璃介面是關鍵。

　　顏色以清淺為空間主要背景，靜緩的鋪述屋主品味與態度，藉由樓梯扶手以玻璃材質取向，目的就是在於可以讓光線、視覺自由的穿越，形成通透、連貫的空間感受。藉由線面的俐落度，詮釋優雅與純粹的關係，運用延續的線性因子，發展完美的空間態度。

改這裡，生活更方便。

將樓梯以二折式的動線規劃，消弭過去長而狹隘的樓梯印象，在走動的過程中，是開放、舒適的，且透過對外窗，光影順勢而下，圍塑明亮感受。

將地下室餐廳增建的區域，全部退回，
保留開闊意象。

增建區域
out

　　設計上將原有位於地下一樓的餐廳部分，退回原有增建的空間，符合原始建築結構的規劃，利用落地玻璃連接戶外環境，給予視覺開闊的感受，而光影的引入，成為單純的線面裡，最佳的動態表情，消弭原本採光不足的缺點，同時與室內間接照明，形成豐富的層次表情。

改造重點 1.

開放規劃，拉闊空間感受

　　由於餐廳、視聽區、書房位屬於同一軸線，王俊宏設計師以開放方式規劃全區，利用天花的造型設計作連貫、延伸的表現，透過無介質的設限、界定，藉由落地玻璃引入的自然光線，讓整個廳區感覺更加開闊、無礙，有效的放大、拉闊空間感受，消弭原有侷促、壓迫的空間意象。

改造重點 2.

利用高度，變化動線機能

　　利用樓梯方向與踏階數目，將地下一樓區域一分為二，沙發後方即是利用樓梯方向、踏階數目的高低落差規劃出來的收納空間與廊道，有效的做出空間於機能上的轉換與變化，使得即使在同一個樓層中，多元化的機能性可以被介質、高度、樓梯給清楚的劃分開來，維持空間舒適的俐落度。

改造重點 3.

格柵設計，引導光影變化

　　地下一樓的廊道空間利用玻璃介質、踏階高度與廳區做區隔，保持通透、開闊的空間意趣，為了加深區域高度與層次感受，在天花造型上利用格柵的語彙，引光迤灑而下，製造出豐富的光影層次，與一旁實木介面的自然紋理呼應，連貫出舒適、悠閒的空間感受。

將餐廳空間原增建的部份還原，利用落地玻璃引入光線，建立空間開闊的感受。

利用實木做櫃體隱藏門扉的設計，後方規劃衛浴與收納空間，維持廊道的俐落意趣。

將洗手台獨立吧！
建立開闊的衛浴空間

　　為了不讓生活中使用衛浴空間時，發生你爭我奪的問題，於是重新規劃格局時，衛浴空間機能屬性的配置上，特地將洗手臺與衛浴空間做分開的獨立設計，不僅增加舒適度與便利性，連衛浴空間感的開闊，都可以清楚被感受到。

改造重點 *1.*

獨立檯面就對了！

　　設計師在衛浴空間的設計規劃上，首先為了免去因為坪數關係，造成動線過於侷促，或者機能使用率降低，於是將洗手台獨立出來規劃，以維持衛浴區域的俐落與開闊度。而將洗手台獨立出來的創意規劃，無疑的放大生活上的使用機能。

改造重點 *2.*

創意設計就對了！

　　成為空間主角的洗手檯，為了符合結構、管線的安排，在給水系統上，自天花垂直而下規劃管線，打破傳統的制式設計，給水設備管線以及造型的安排，顯得具獨特而有型，不僅增加空間的創意感受，也替視覺、生活帶來新穎的可能性。

改造重點 *3.*

隱藏規劃就對了！

　　如果衛浴空間的開口位置不佳，可利用隱藏門規劃進出動線，與廊道立面合而為一。而立面主要以實木為主，透過自然紋理，隱藏開口線條，整合出廊道空間的協調感受。

獨立設計的洗手台，出水管線設計於天花，採垂直設計，增加空間的創意旨趣。

利用隱藏方式，規劃衛浴空間的動線開口設計，維持立面的協調感受。

SH ｜客座主編｜

美麗殿設計團隊
美麗殿設計

台北市信義區光復南路 547 號 5 樓之 3
02-27220803　　www.lmad.com.tw

Q：我家後陽台是防火巷，鄰居在家做甚麼都一清二楚，重新安排格局可以解決嗎？

A：公寓通常都有前陽台，也都位於鄰巷道的黃金位置，但是陽台幾乎都已被外推和客廳結為一體，原本和對巷住戶之間的「視覺屏障」也因此消失了。其實格局重新規劃並不能解決這個問題，因為巷道內的房屋只要有窗戶存在，就會有這種「彼此看光光」的問題。設計師只能利用「屏障物」來改善了，可採用「既能遮蔽視線穿透，但卻不會完全阻絕採光」的屏障物，例如半透性玻璃、反光隔熱紙、百葉窗簾、植栽等素材。

Q：決定新的格局前，和房子的座向有沒有關係？

A：居家的採光、通風、濕度和風水都會因座向而被牽動。不過目前都會區中的高樓建築物已經很難兼顧所謂的「風水座向」了，畢竟不是所有的房子都能擁有「坐北朝南」或「坐南朝北」的最佳座向。通常只能將採光面最好的區域規劃為客廳和主臥室，其次才是次臥室和其他空間。

Q：您遇到的業主會提出來的第一個問題是甚麼？又是如何解決？

A：最常碰到的問題就是擔心家中的收納空間不夠。業主會有這種「集體恐懼症」是情有可原的，其中最強烈的感受就是「我們家已經亂到爆了、東西已無處可堆放了」，所以一見到設計師就如久旱逢甘霖，急著把多年的苦楚一吐為快。許多業主給我的感覺像是來要求設計「倉儲中心」而非住家，反而缺乏人本和生活了。

我通常會等業主充分的宣洩苦悶之後才能進入引導，一定要先循線找出家中的亂源，分析研究的結果亂源往往都是「人」而非「物」，總結都是「新物品不斷購入、舊物品不整理不汰換」所造成的。我會建議業主應該先評估和計算出合理的收納量之後再著手規劃，通常業主回去評估計算之後，觀念就會改變，會開始和雜物計較空間、會開始捨不得讓雜物佔據價值數百萬的坪數了。總之，要解決收納的問題，就要先解決人的問題，否則再多的收納櫃終究都會不敷使用，徒然浪費裝潢費用而已。

SH ｜客座主編｜

王俊宏
王俊宏室內裝修設計

王俊宏室內裝修設計
台北市信義路二段 247 號 9 樓
02-23916888　　www.wch-interior.tw

森境建築工程諮詢有限公司
上海辦公室：上海市黃埔區延安中路 551 號
+86 02152410118　s.design1688@gmail.com

Q：未來的浴室設計哲學和以前有甚麼不同？

A：過去的浴室均是將所有的功能及設備置於單一空間，也許是生活習慣的使然。而如今乃至未來的設計方向，可能會將單一功能(設備)甚至是更多來分別思考。例如許多的洗手台從浴室挪出來的設計，一來可以增加空間的趣味性；二來可以有新的生活習慣。例如同時出現兩位欲使用洗手檯和馬桶功能的人，該設計可以讓兩人同時使用並且互不干擾。

Q：如果想用櫥櫃來做隔音，如何達到安全、隔音等要求？

A：若想採用櫥櫃來進行隔音，可在櫥櫃與櫥櫃間的夾壁中塞入符合高耐燃測試標準的隔音棉；甚至在夾壁位置施作符合高耐燃測試的矽酸鈣板隔間，並填入高耐燃的隔音棉。

Q：我家正準備重新裝修，陽台可以改建成浴室嗎？

A：對於陽台變更為浴室乃是萬萬不可行。一是違反建築法規；二是改建成浴室後，水的載重(浴缸)可能遠遠超過該建築原本的結構設計，進而導致該建築存在不安全因素的存在。

Q：「動線」對一般屋主來說，真正和生活有關係的部分是甚麼？

A：「動線」即為使用者在行進間點對點的連線。無論是室內或室外，行進間是否感到舒適性及便利性；若動線上有其障礙物，則行進間會有所阻礙並感受到其不舒適及不方便。以廚房為例，沒有考慮到整體廚房使用上的順序，一頓飯的炊事可能會走上好幾公里的距離。

SH ｜客座主編｜

陳怡倫
愛菲爾系統傢俱裝潢設計

04-24632677
www.eiffel.tw

Q：我喜歡開放式廚房，但本身鼻子過敏，很介意油煙問題，有辦法解救嗎？

A：開放式廚房空間感較好，整體性強，所以越來越多的人選擇了開放式廚房。但最頭痛的點就是油煙的問題，一般最常見就是設置活動拉門，但這是屬於比較消極的作法。較正確的方式為：

1. 廚房的整體規劃；熱炒區應規劃在不靠窗的角落邊（稱為負壓），設計出一個可以自然進氣的氣流（稱為正壓），如此便可藉由氣體壓力搭配排油煙機而形成一個有效氣體引導。

2. 選擇適合的廚具配件如：排油煙機、蒸爐、烤箱、氣炸鍋等等減少傳統熱炒烹調方式，也可避免油煙大量產生。

Q：我和先生身高差距 20cm，手常摸不到吊櫃，低一點又怕先生撞到頭，想換新廚具時該怎麼辦？

A：標準廚具下櫃台面高度為 85cm，檯面到吊櫃底部至少需保留 70cm，吊櫃底部離地為 155cm。檯面深度為 60cm，吊櫃深度加門板為 37cm；如此的尺寸不易撞到頭。如果因為吊櫃最上方的東西不易拿取，也有相對應的五金，如下拉式拉籃就可以有效解決吊櫃上方不易拿取的問題。在歐美國家規劃的尺寸也是如此，最好將水槽檯上升約 10cm 以避免身材高大者，長期彎腰造成的脊椎傷害。

Q：聽說想設計ㄇ字型或 L 型廚房，是有空間限制的，請問要怎麼判斷我家可以做哪一類型的廚房？

A：一般ㄇ字型廚房需要 2 坪以上的空間，L 型廚具需要 1.5 坪以上的空間。但是依照坪數規劃是非常不準確的，因為 2 坪正方形與 2 坪長方形的空間就有不一樣的規劃，所以建議請專業人員現場丈量，以實際空間規劃出最適合的廚房空間。

SH ｜客座主編｜

王瑞基
星空夜語藝術有限公司

台北市重慶北路一段 22 號 11 樓之 1
0991-290-290　www.starlucky.com

Q：如果是將星空藝術漆畫設計在牆面，小孩手摸髒了該如何處理？

A：星空感光漆畫為壓克力漆，經彩繪完畢塗料轉為硬化樹脂，小孩手摸髒，可用濕紙巾輕輕擦乾淨。

Q：這種漆面有沒有危險性，因為我本身有過敏體質？

A：星空感光乳膠漆，它本身不含毒性，也不會揮發有毒氣體，對人體與環境都不會造成污染，相當安全，不會引起過敏體質。

Q：設計施工費用如何計算？

A：星空感光藝術漆畫三坪以內 $48,000，超出三坪以每坪 $18,000 計價。

Q：從主題設計到施工完成，大約需要多少時間？雨天會影響乾燥時間嗎？

A：星空感光藝術漆畫施工時間，以一間小孩房 3 至 5 坪，大約一天，雨天並不影響乾燥時間。

Q：星空藝術漆可以製造出深邃的空間效果嗎？

A：當然可以，星空設計師王瑞基表示，專業的星空繪畫設計師特別依照每顆星星的大小及星星之間的距離，按視覺比例繪製成穹蒼，睡前拉上窗簾，關上燈之後，滿天星星剎時出現在眼前，再來段自然蟲鳴，水聲音樂，令人彷彿置身山林間，與大自然融為一體。

國家圖書館出版品預行編目資料

格局救援王
/ SH 美化家庭編輯部採訪編輯
初版一臺北市：風和文創, 2013.08
面；公分
（SH美化家庭全能設計王系列）
ISBN 978-986-89458-3-8 (平裝)

1.家庭佈置　2.室內設計　3.空間設計
422.5　　　　　　　　　102014265

SH美化家庭 全能設計王系列

格局救援王

不管買到什麼房子都有救

授權出版	凌速姊妹（集團）有限公司	業務協理	陳月如
封面暨內文設計	森核文化創意有限公司	行銷主任	鄭澤琪
插畫	陳彥伶	出版公司	風和文創事業有限公司
採訪編輯	SH 美化家庭編輯部	網址	www.sweethometw.com
總經理	李秀珍	公司地址	台北市中山區松江路2 號13F-8
總編輯	黃貞菱	電話	02- 25361118
編輯協力	陳佩宜 / 曾伊茵 / 孔婕瑀	傳真	02- 25361115
		EMAIL	sh240@sweethometw.com

台灣版SH 美化家庭出版授權方

IESG
凌速姊妹 (集團) 有限公司
In Express-Sisters Group Limited

公司地址	香港九龍荔枝角長沙灣道 883 號億利工業中心 3 樓 12-15 室
董事總經理	梁中本
EMAIL	cp.leung@iesg.com.hk
網址	www.iesg.com.hk

總經銷	知遠文化事業有限公司	製版印刷	彩峰造藝印像股份有限公司
地址	新北市深坑鄉北深路三段155巷25號5 樓	電話	02- 82275017
電話	02-26648800	印刷	勁詠印刷股份有限公司
傳真	02-26648801	電話	02- 22442255

定價 新台幣360 元
出版日期 2013 年 8 月初版一刷

……SH懂你也讓你讀得懂……

……SH懂你也讓你讀得懂……